© 2003
Verlag Podszun-Motorbücher GmbH
Elisabethstraße 23-25, D-59929 Brilon
Email: info@podszun-verlag.de
Internet: www.podszun-verlag.de
Herstellung Druckhaus Cramer, Greven
ISBN 3-86133-336-8

Titelfotos: Heinz-Herbert Cohrs und Rainer Oberdrevermann

# Jahrbuch 2004 Baumaschinen

Heinz-Herbert Cohrs
**Große Hydraulikbagger** ............................................................................... 5

Ulf Böge
**Priestman – legendäre Bagger und Krane aus England** ........................ 23

Rainer Oberdrevermann
**Tagebau-Großgeräte** ................................................................................. 41

Heinz-Herbert Cohrs
**Raupentransporter von Marion** ................................................................ 63

Heinz-Herbert Cohrs
**Schürfraupen – die exklusivste Baumaschine der Welt** ........................ 91

Ad Gevers
**Pipeline-Baustelle in zehn Schritten** ...................................................... 125

## Liebe Leserin, lieber Leser!

**W**ie Wesen von einem fremden Stern wirken sie, wenn im Vorbeifahren zuerst nur ihre riesigen Schaufeln aus dem Wald herausragen. Später scheint die Kamera sich beinahe verneigen zu wollen vor der Dominanz dieser riesigen Maschinen; gleichzeitig registriert sie jedoch auch feinfühlig, welch sensible Handhabung der Hebel es braucht, um den großen Greifarm perfekt zu beherrschen. Einmal, in einer Totalen, sieht man mehrere Bulldozer gleichzeitig im Einsatz – ein Ballett gigantischer Stahlkörper, das eine ganz eigene Grazie besitzt." Das schrieb Arnold Hohmann in einer Rezension über den Film „Ein neues Leben" für die Süddeutsche Zeitung. Nicht unzutreffend wäre das auch für den Inhalt dieses Jahrbuchs: Noch nie zuvor haben wir eine derart faszinierende Vielfalt riesiger Baumaschinen präsentiert.

Es ist inzwischen die vierte Ausgabe des Jahrbuchs Baumaschinen. Dank gilt an dieser Stelle allen Autoren und Bildgebern, die in den letzten Wochen und Monaten für das Jahrbuch im Einsatz waren. Ein technischer Hinweis: Namentlich gekennzeichnet sind lediglich Abbildungen, die nicht von den jeweiligen Verfassern der Artikel stammen.

Ihnen, liebe Leserin, lieber Leser, wünschen wir viel Vergnügen mit dem Jahrbuch und nicht vergessen: das nächste Jahrbuch, die Ausgabe 2005, ist im Oktober 2004 erhältlich. Falls Sie selbst einmal für das Jahrbuch zur Feder greifen möchten, seltenes Bildmaterial zur Verfügung stellen können, Kritik oder Anregungen anbringen möchten, schreiben Sie uns an untenstehende Adresse. Wir freuen uns auf den Kontakt mit Ihnen und sind gespannt auf Ihre Meinung.

Ihr Redaktionsteam "Jahrbuch Baumaschinen"

## P.S.

Sie können das Jahrbuch Baumaschinen in Buchhandlungen oder direkt beim Verlag auch abonnieren. Die erste Ausgabe, das Jahrbuch 2001, ist vergriffen, die Ausgaben 2002 und 2003 sind noch lieferbar. Fordern Sie unser kostenloses Gesamtverzeichnis mit Büchern über Baumaschinen, Lastwagen, Autos, Lokomotiven, Motorräder, Traktoren und Feuerwehrfahrzeuge an: Verlag Podszun-Motorbücher, Elisabethstraße 23-25, D-59929 Brilon, Fax 02961 / 2508, Email: info@podszun-verlag.de, Internet: www.podszun-verlag.de

# Große Hydraulikbagger

## Phänomenaler Zwang zum Wachstum?

**von Heinz-Herbert Cohrs**

Neben Minibaggern und Kleinradladern sind auf Baustellen aller Art Hydraulikbagger die mit Abstand wichtigsten Baumaschinen. Sie sind die „Zugpferde" der meisten namhaften Hersteller, und demzufolge kommt den stärksten Pferden im Stall, den riesigen Tagebau-Hydraulikbaggern, eine nicht zu unterschätzende Wirkung auf das Firmenimage zu.

Besonders auf Messen sind Großhydraulikbagger ein kaum übersehbares Symbol der Leistungsstärke eines Baumaschinenherstellers. Sie wiegen Hunderte von Tonnen, ihre Klappschaufeln und Tieflöffel fassen mehr Kubikmeter als Lkw und kleinere Muldenkipper. Ihre Motoren überzeugen durch weithin erschallendes Dröhnen, daß im Oberwagen ausreichend viele Pferdestärken hausen.

Aber wer mißt nach? Wer stellt solche Bagger auf die Waage, wer füllt ihre Schaufeln mit 40 oder 50 t Sand, nur um den Inhalt zu überprüfen? Eigenartig ist nämlich, daß viele Großbagger einem wahrhaft „phänomenalen Zwang" zu schwereren Einsatzgewichten und größeren Schaufelinhalten unterliegen. Oder, in anderen Worten: Großhydraulikbagger wachsen!

Innerhalb von drei Jahren kam beispielsweise ein Großhydraulikbagger auf knapp 18 Prozent Gewichtszuwachs. Ein anderer Bagger schaffte es in neun Jahren sogar, 22,5 Prozent an Gewicht zuzulegen, ohne daß erkennbare Veränderungen in der Konstruktion vorgenommen wurden. Da stellt sich zwangsläufig die Frage, wo in diesem Fall bemerkenswerte 94 t Mehrgewicht – das entspricht immerhin einem Viertel des Gesamtgewichts – „versteckt" sind?

Natürlich sind die Gewichte dermaßen großer Maschinen nicht auf's Gramm genau festzulegen. Allein schon die Unterschiede zwischen Klappschaufel- und Tieflöffel-Ausleger, zwischen schmalen und breiten Raupenfahrwerken wirken sich nicht in Kilogramm, sondern in Tonnen auf das Gesamtgewicht aus.

Er brachte Steine ins Rollen: Riesig erschien der RH 15 vor über einem Drittel Jahrhundert; mit 37 t Einsatzgewicht repräsentierte er eine Meisterleistung im Baggerbau. Maschinen wie diese leiteten das Ende der Seilbagger ein

Zwar auch in rot, aber ernste Konkurrenz: Die Franzosen forderten die deutschen Baggerbauer heraus, denn mit dem 47 t wiegenden Poclain HC 300 gab es ab 1968 zweifellos den größten Hydraulikbagger der Welt. „Was in diesem neuen Bagger Wirklichkeit geworden ist, stellt einen absoluten Höhepunkt in der Hydrauliktechnik dar, der noch vor 10 Jahren unerreichbar schien", hieß es bei Poclain

Trotzdem verdeutlicht die sorgfältige Analyse der technischen Daten über einen gewissen Zeitraum hinweg zweifelsfrei ein allmähliches Hochschaukeln der Einsatzgewichte und Schaufelinhalte, das auf den ersten Blick unverständlich erscheint. Erst auf den zweiten Blick könnte sich hinter diesen Zahlen banales Konkurrenzdenken verbergen, etwa nach dem Motto: „Wir bauen den größten Hydraulikbagger!" Und dann können gefürchtete Wettbewerber natürlich nicht mithalten…

### „Jugendliches Wachsen" der Großbagger

Schon in den sechziger Jahren wurden Hydraulikbagger zu Prestigeobjekten: Wer sie besser, größer, leistungsfähiger bauen konnte, war anderen Herstellern einen Schritt voraus. Gerade die damals auftretenden Probleme, die die neuartige Anwendung von Hydraulikbaggern in der Gewinnungsindustrie als effektive Ladegeräte mit sich brachten, rückten diese Technologie oft in ein nicht so gutes Licht.

Dabei war die einfache Vergrößerung von Pumpen, Motoren und Hydraulikzylindern gar nicht das größte Problem. Vielmehr fehlte es mehr an Steuerventilen, Rohrleitungs- und Schlauchverbindungen und anderen Hydraulikkomponenten, die den immensen Drücken, großen Förderströmen und härtesten Belastungen im Tagebau standhalten konnten.

Durch die Baustellenerfolge wurde aber bald erkannt, daß sich Hydraulikbagger auch vorzüglich für Steinbruch und Tagebau eignen. Das ließ die Bagger-

Aus dem RH 15 wurde der RH 20, dann der RH 25 mit bis zu 3 m$^3$ fassender Klappschaufel. Mit 42 t Gewicht und beeindruckenden Leistungsdaten war der RH 25 ein gefürchteter Konkurrent des (größeren) französischen HC 300 von Poclain

Deutsche Baggertechnik auf der Überholspur: Gleich drei O&K RH 60 wurden von Northern Strip Mining (NSM) nach England geordert – das gab 1970 international Pluspunkte für den jetzt größten Hydraulikbagger der Welt. Erstmals arbeiteten Hydraulikbagger im harten Steinkohle-Tagebau, einer Domäne der Seilbagger

bauer nicht ruhen, größere, stärkere und grabkräftigere Hydraulikbagger als Konkurrenz zu den bislang beliebten Hochlöffel-Seilbaggern zu konstruieren.

Wesentliche Impulse für diese Entwicklung gingen von O&K und Poclain aus, später gesellten sich Demag und Liebherr hinzu. Die anderen Hersteller früher Hydraulikbagger beschränkten sich auf „baustellen-gerechte" Maschinengrößen, ebenso japanische Hersteller.

1967 präsentierte O&K mit dem 37 t wiegenden RH 15 für jene Zeit einen wahren Baggergiganten: Mit 3 m³ fassender Ladeschaufel, neuartiger Servosteuerung der Arbeitsbewegungen, Leistungsregelung und bis zu 22 t Losbrechkraft setzte der RH 15 Maßstäbe. Der RH 15 wandelte sich Ende der sechziger Jahre zum RH 20 und dann zum RH 25 mit 42 t Dienstgewicht, 210 PS Antriebsleistung und 2 bis 3 m³ Schaufelinhalt.

Mit der 300-bar-Hochdruckhydraulik des RH 25 rückte O&K zum großen französischen Konkurrenten Poclain auf. 1968 hatte Poclain nämlich den damals größten Hydraulikbagger der Welt vorgestellt, den 47 t schweren HC 300 mit 2 bis 4 m³ großen Kipp-

schaufeln oder 1,4 bis 3 m³ großen Tieflöffeln, 320-bar-Hydraulik mit zwei Reihenkolbenpumpen und wahlweise einem 260-PS-GM-Zweitakter oder 270-PS-Deutz-12-Zylinder-Motor.

Konkurrenz aus der Nachbarschaft: In Düsseldorf entstand bei Demag der H 101, der mit 97 t Einsatzgewicht den Größentitel des RH 60 aus dem Dortmunder O&K-Werk in Frage stellte. Als der RH 60 entsprechend zunahm, wandelte sich der H 101 zum schwereren H 111 mit 109 t

18 Prozent „gewichtiger" in nur einem Jahr: Von 1970 bis 1971 stieg das Gewicht des RH 60 von 95 auf 112 t an, später sogar auf 120 t. Die erfolgreichen Einsätze des RH 60, hier ebenfalls in England beim Beladen von Aveling-Barford-Muldenkippern, forderten die Demag- und Poclain-Konstrukteure heraus

1970 wurde aus Deutschland gekontert, denn nun konnte O&K den größten Hydraulikbagger vorweisen: „Mit dem RH 60 wird die vielfach aufgestellte Behauptung widerlegt, Geräte dieser Größe seien hydraulisch nicht mehr zu beherrschen." Der 700 PS starke 95-t-Bagger trug eine 6,5 m³ große Klappschaufel, damals ein Novum im Vergleich zu den ansonsten üblichen Ladeschaufeln. Mit der Klappschaufel wurde die Ausschütthöhe verbessert, die Ladezeit verkürzt und die Grabkinematik wirksamer gestaltet.

Da war der neue Rekordbagger: Poclain schraubte 1973 mit dem 137 t wiegenden, etwas dicklich wirkenden EC-1000 die Technik der größten Hydraulikbagger weiter in die Höhe. Aufgrund der wachsenden Konkurrenz wurde der EC-1000 in nur einem Jahr um 15 Prozent auf 158 t „gemästet"

Schon ein Jahr später, 1971 auf der Industriemesse in Hannover, waren die wichtigsten Daten des RH 60 auf 112 t und 770 PS angewachsen – dies entspricht einem Gewichtszuwachs von 18 Prozent. In jenem Jahr baute Demag mit dem 97 t wiegenden H 101 den ersten Großhydraulikbagger des Unternehmens, der bald zum Modell H 111 weiterentwickelt wurde.

Der Siegertitel der Baggerbauer sollte jedoch nur für kurze Zeit in Deutschland verweilen, denn die französische Konkurrenz schlief nicht. Schon 1973 wanderte der Baggerpokal nach Frankreich zurück: Wesentlich wuchtiger und dicker als der RH 60 wirkte der Poclain EC 1000, der dem Bau von Großhydraulikbaggern neue Impulse verlieh.

Dennoch war der EC 1000 mit 137 t Gewicht und 5,4 bis 8,7 m³ fassenden Kippschaufeln gar nicht so sehr viel größer als der RH 60 von O&K: Im Gewicht waren es gerade mal 25 t, beim Schaufelinhalt gab es nur eine unwesentliche Steigerung (abgesehen von der 8,7-m³-Schaufel für leichtes Schüttgut). Der Tieflöffel des EC-1000 faßte 5 m³. „Diese Zahlen zeigen neue Dimensionen beim Einsatz von Hydraulikbaggern auf", behauptete Poclain stolz.

Der EC-1000 barg eine aufwendige und daher leider ziemlich anfällige Technik. Die Poclain-Konstrukteure wählten gleich drei Motoren mit 780 PS Gesamtleistung für den Antrieb der Hochdruckhydraulik mit 320 bar. Dichtigkeitsprobleme, platzende Schläuche und sprühende Dichtungen gehörten beim EC-1000 schon fast zur Tagesordnung.

1976 wurde der RH 60 von O&K zum größeren und leistungsfähigeren RH 75 weiterentwickelt, doch es reichte nicht: Mit 135 t Gewicht und 7,6 m³ fassender Klappschaufel kam der RH 75 nicht an den EC 1000 und besonders an den neuen 1000 CK der französischen Konkurrenz Poclain heran

Der Poclain 1000 CK war mit 170 t Einsatzgewicht und beachtlicher, weil 9 m³ fassender Ladeschaufel ab 1975 nicht nur der größte Hydraulikbagger der Welt, sondern für die Konkurrenz bedrohlich erfolgreich. Er wurde in vielen Tagebauen rund um den Globus eingesetzt und bewährte sich besser als sein Vorgänger EC 1000

Die deutschen Wettbewerber schliefen nicht: 1978 erschien auf dem Werkshof von Demag der gewaltige H 241, der mit 280 t Einsatzgewicht fast eine Verdoppelung der bisherigen Baggergröße war. Der neue Weltrekordbagger H 241 öffnete dem Düsseldorfer Unternehmen weltweit den Weg in Tagebaubetriebe und versetzte so die Konkurrenz in Zugzwang

Ob die wachsende deutsche Konkurrenz, nun durch Demag und O&K, die Poclain-Ingenieure veranlaßt haben mag, den „nur" 137 t schweren EC-1000 etwas zu mästen? Denn 1974 wog der EC-1000 schon 158 t – das sind immerhin über 15 Prozent mehr. 1975 wurde der Poclain EC-1000 zum deutlich flacher gebauten 170-t-Bagger 1000 CK weiterentwickelt. Der 1000 CK trug als Standardausrüstung eine 9-m³-Ladeschaufel oder einen 8-m³-Tieflöffel und war nun der größte Hydraulikbagger der Welt.

Der RH 60 von O&K wurde 1976 vom 135 t wiegenden RH 75 mit 7,6 m³ großer Klappschaufel abgelöst. Zur Bauma 1977 stieg auch Liebherr als nächster Hersteller in den wachsenden Markt der Großhydraulikbagger ein und präsentierte den R 991 mit 7,5 m³ großer Klappschaufel. Angetrieben wurde der 164 t schwere Großbagger von zwei 360 PS starken Cummins-Dieselmotoren. Liebherr unterlag interessanterweise nicht der Versuchung, in den R 991 einige „Zusatzgewichte" zu packen und den R 991 auf diese Weise zum schwersten Hydraulikbagger „aufzumotzen".

In sehr ähnlicher Größe erschien – zum großen Erstaunen in der Branche – ein in Deutschland gebauter Bagger eines bekannten amerikanischen Herstellers: Harnischfeger, für die großen P&H-Seilbagger weltberühmt, baute 1978 in der neu gegründeten Hydraulic Equipment Mining Division in Dortmund den Großhydraulikbagger P&H 1200, einen 161-t-Riesen mit 810 PS Leistung aus zwei Dieselmotoren.

Einen gewaltigen Größensprung – und einen eindeutigen Rekord – konnte ebenfalls 1978 Demag verbuchen: Im Düsseldorfer Werk stand ein Hydraulikbagger, der mit 280 t Einsatzgewicht fast eine Verdoppelung der bisherigen Baggergrößen darstellte. Der neue, riesig wirkende Demag H 241 erblickte mit einer 14 m³ fassenden Klappschaufel das Licht der Welt und sollte für das Unternehmen ein bahnbrechender Erfolg werden.

Deutsche Baggerkonstruktionen hielten nun Einzug in den großen amerikanischen Markt, Hydraulikbagger verdrängten Hochlöffel-Seilbagger aus dem Tagebau. Der H 241 kann gewiß als Großhydraulikbagger der zweiten Generation gelten – nach dem

O&K RH 60 und dem Poclain EC-1000 – und als fleißiger Wegbereiter der neuen Baggertechnik im weltweiten Tagebau. Leider aber war der H 241 trotz seiner beachtlichen Größe und seiner vielfach gewürdigten Leistungen nie ein echter Rekordhalter, denn diesen Ruf wollten andere für sich beanspruchen...

## Schwerer Start der Ultraklasse

Bei allen erwähnten Baggern blieb die Gewichtszunahme in vertretbaren, durchaus verständlichen Grenzen. Das eigenartige „Baggerwachstum" setzte erst in der Ultraklasse ein, also bei den hydraulischen Baggerriesen mit mehr als 400 t Gewicht.

Sicherlich angeregt durch die Entwicklung des H 241 von Demag und des R 991 von Liebherr kündigte der große deutsche Pionier der Hydraulikbagger, Orenstein & Koppel aus Dortmund, bereits im Herbst 1978 mit dem RH 300 den weltgrößten Hydraulikbagger an. Der RH 300 wog anfänglich 420 t; seine Felsklappschaufel faßte 22 m³. Somit passierte ein Hydraulikbagger mit seinem Schaufelinhalt erstmals die 20-m³-Grenze. Angetrieben wurde die 300-bar-Vierkreis-Hydraulik des RH 300 von zwei gemeinsam 2380 PS leistenden Cummins-Dieseln.

Doch Demag war mit dem H 241 schneller, denn vorerst existierte der RH 300 nur stark verkleinert:

„Acht Millionen Mark kostet dieser Hydraulikbagger", war zwar der Tagespresse zu entnehmen, doch erstmals vorgestellt wurde der RH 300 zunächst nur als riesiges Modell im Maßstab 1:5 auf dem American Mining Congress in Las Vegas.

Anläßlich der Bauma 1980 berichtete O&K vom angeblich großen Erfolg des RH 300: „Auch der RH 300 liegt auf Erfolgskurs. Mit zehn verkauften Maschinen wären die Entwicklungskosten wieder in der Kasse. Zehn Exemplare sind auch als wünschenswerter Jahresausstoß angesehen." Doch es sollte anders kommen: Nur zwei dieser Giganten wurden gebaut.

Ein Jahr zuvor wurde in der ehemaligen Sowjetunion vom Hersteller Uralmasch der damals zweifellos wirklich weltgrößte Hydraulikbagger gebaut: Der EG-20 wog 570 t und war mit einer 20 m³ fassenden Schaufel ausgerüstet. Mit bemerkenswerten 14,8 m Ausschütthöhe zum Beladen von Muldenkippern mit 200 t Nutzlast übertraf der EG-20 den berühmten RH 300 um ganze 2,9 m. Der EG-20 erzielte hohe Grabkräfte von 1960 kN, einen Grabradius bis 19 m und eine Grabhöhe bis 18 m. Doch ihm mangelte es an den Strategien westlicher Marketingspezialisten...

„Wenn Seilbaggerhersteller Harnischfeger nun ebenfalls schwerste Hydraulikbagger baut, sollten

Nur ein Jahr nach der Präsentation des Demag H 241 stand bei O&K in Dortmund der RH 300 bereit. 420 t Gewicht, 22 m³ Schaufelinhalt – das stellte alles in den Schatten. Der neue Rekordhalter war – abgesehen vom H 241 – wiederum mehr als doppelt so groß wie die nächstgrößeren Bagger. Der RH 300 bildete den Auftakt der Super- oder Ultraklasse der Hydraulikbagger mit mehr als 400 t Einsatzgewicht

Vielversprechend erschien zunächst der erste Einsatz des RH 300 im englischen Kohletagebau: Wabco-Muldenkipper mit 170 US-tons (154 t) Nutzlast, die damals größten Kipper Mitteleuropas, wurden mit vier Arbeitsspielen beladen – das konnten bislang nur Seilbagger. Doch in den folgenden acht Jahren konnte kein weiterer RH 300 verkauft werden

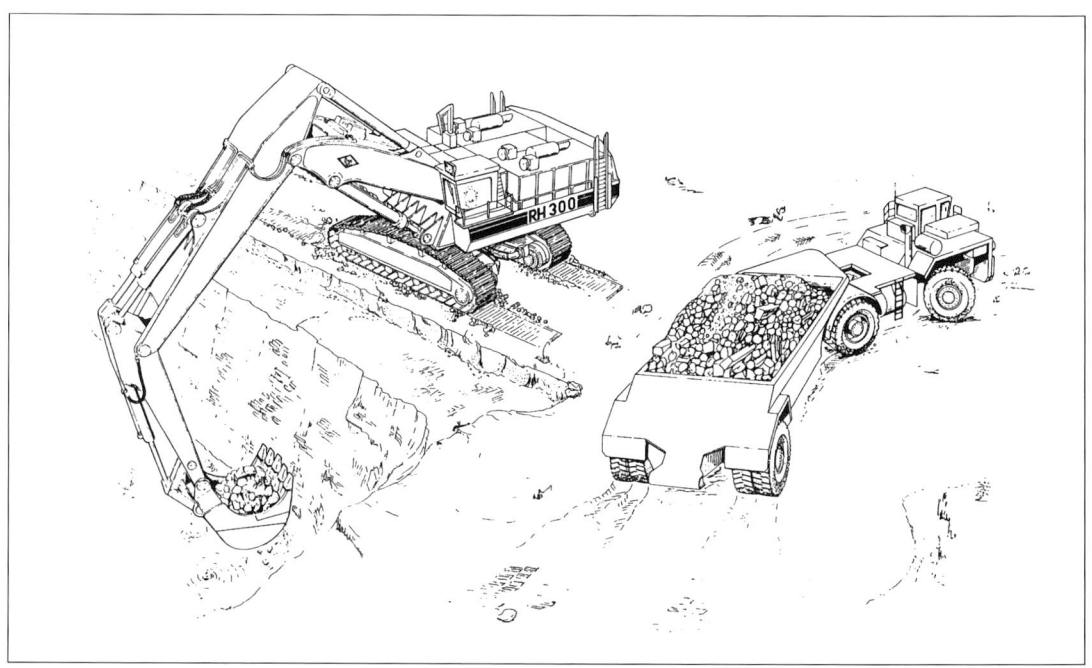

Mit viel Hoffnung wurde der RH 300 in die Welt geschickt: „Auch der RH 300 liegt auf Erfolgskurs. Mit zehn verkauften Maschinen wären die Entwicklungskosten wieder in der Kasse", meinte man bei O&K. Sogar eine Tieflöffelversion mit 16,8 m³ Löffelinhalt und immerhin bis zu 16,5 m Grabtiefe war vorgesehen

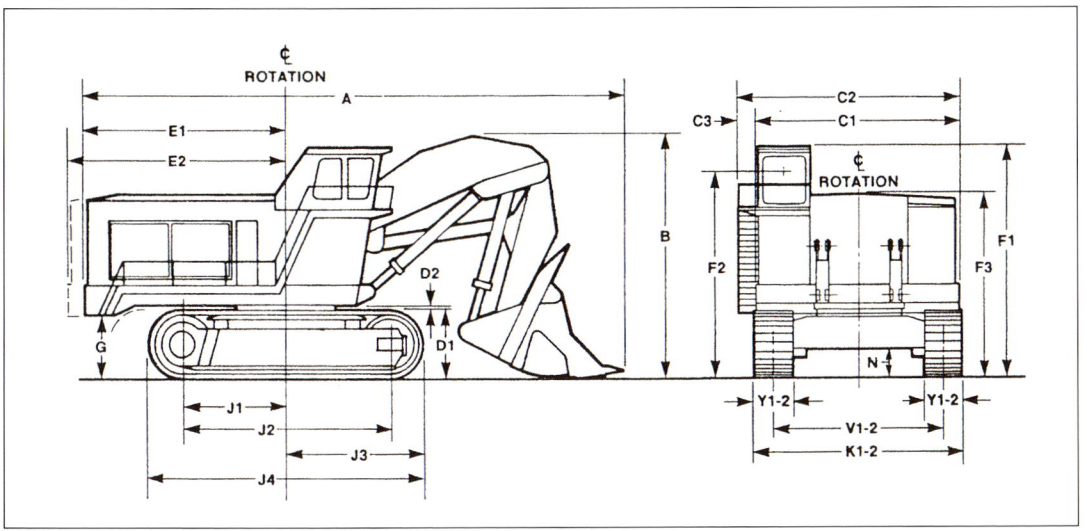

1983 zogen die Amerikaner nach, doch nur in der Theorie: Dies wären die Hauptabmessungen des 508-t-Baggers P&H 2200 von 1983 mit 23 m³ fassender Klappschaufel gewesen: A=19,7 m; B=9 m; C1=7,9 m; F1=8,7 m; F3=6,8 m; J4=9,9 m; K1-2=7,8 m. Leider wurde der Bagger nie gebaut, da sich die P&H-Hydraulikbagger nicht bewährten

wir das vielleicht besser auch", könnte sich das Management beim Erzkonkurrenten Marion gedacht haben. So entstand 1980 der Marion 3560, ein je nach Ausrüstung rund 285 t wiegender Baggergigant. Von Anfang an war der 3560 als Klappschaufel- und als Tieflöffelbagger konzipiert. Er sollte im Team mit 170-t-Muldenkippern arbeiten. Zu seiner Präsentation kündigte Marion zwar eine ganze Baureihe hydraulischer Großbagger von 8 bis 23 m³ Klappschaufelinhalt an, doch konnte der 3560 die in ihn gesetzten Erwartungen nicht erfüllen.

Daher blieb der O&K RH 300 für einige Jahre allein auf weiter Flur, bis 1983 Harnischfeger den 508 t wiegenden Hydraulikbagger P&H 2200 ankündigte. Der P&H 2200 sollte eine 23 m³ fassende Klappschaufel haben, wurde aber nie gebaut. Stattdessen entstand erst in den neunziger Jahren eine abgespeckte Version, der 340-t-Bagger P&H 2250 mit 21 m³ Schaufelinhalt.

## Zahlenroulette ab 400 t Dienstgewicht?

Erst Mitte der achtziger Jahre erwuchs eine ernstzunehmende Konkurrenz für den O&K RH 300. Zur Bauma 1986 in München gab Mannesmann Demag Einzelheiten über den neuen Hydraulikbagger H 485 bekannt. Der mit einer 23 m³ großen Klappschaufel ausgestattete 475-t-Bagger nahm im Herbst des gleichen Jahres im schottischen Kohletagebau seine Arbeit auf.

Unbemerkt vom Marketing- und Imagekampf der westlichen Baggerbauer stellten russische Konstrukteure 1979 den damals wirklich „allergrößten" Hydraulikbagger der Welt auf die Raupen: Der EG-20 brachte 570 t auf die Waage und schüttete seine Klappschaufel in 14,8 m Höhe aus – das waren fast 3 m mehr als beim RH 300

Ein deutscher Hersteller forderte den RH 300 von O&K heraus: Im Juli 1986 führte Demag Gästen aus aller Welt stolz den H 485 vor, einen 475-t-Bagger mit 23 m³ Schaufelinhalt. Gegenüber dem nunmehr seit sieben Jahren als Einzelstück arbeitenden RH 300 war der H 485 ein weiterer bedeutender Größensprung in der Entwicklung der Hydraulikbagger.
Von Anfang an erwies sich der H 485 als außerordentlicher Erfolg deutscher Baggertechnik: Die in Schottland von Coal Contractors beim ersten Einsatz vorgesehenen Cat-Muldenkipper mit 130 t Nutzlast waren zu klein und zu langsam, um mit den verblüffenden Ladeleistungen des H 485 mithalten zu können

Schön veranschaulichte dieser Schwertransport die Dimensionen des neuen Demag H 485. Samt Zugmaschine rollen 16 Achslinien, um ein einzelnes Raupenfahrwerk des Baggers zum Einsatzort zu bringen. Das Fahrwerk ist 1,5 m breit, 10,6 m lang, 2,85 m hoch und immerhin 81 t schwer

Weil der Demag H 485 in abrasivem Abraum aus grobstückig gesprengtem Feuerstein, Kalksandstein und Ton-Schiefer-Einschlüssen eingesetzt wurde, rechnete der Betreiber Coal Contractors zunächst damit, Muldenkipper mit 130 t Nutzlast würden ausreichen. Bald aber schon zeigte sich, daß die Transportleistungen nicht genügten. Die Ladegeschwindigkeit und Schaufelgröße des H 485 verlangten nach einem vierten Muldenkipper, auch das reichte nicht.

Deshalb wurde nun die Anschaffung von Muldenkippern mit 170 bis 200 t Nutzlast erwogen, um den Förderleistungen des H 485 von stündlich über 1.300 m³ gerecht zu werden. Es blieb nicht bei diesen ersten gravierenden Erfolgen: Im Zeitraum von knapp zehn Jahren wurden vom Demag H 485 weltweit mehr als 20 Stück verkauft; er ist daher der erfolgreichste Großhydraulikbagger der dritten Generation. Schon im Juli 1986 konnte Demag aufgrund der eingehenden Aufträge vom „größten in Serie gebauten Hydraulikbagger der Welt" sprechen – das Einzelstück RH 300 konnte da natürlich nicht mithalten.

Zu jener Zeit verzeichnete der O&K RH 300 gemäß Prospektangaben eine verblüffende Gewichtszunahme von 420 auf 480 t. Und passend zur Präsentation des Demag H 485 schaltete O&K in der Oktober-Ausgabe der Fachzeitschrift „Fördern und Heben" eine Anzeige, durch die der Geschäftsbereich Großgeräte der O&K Baumaschinen und Gewinnungstechnik seine Kunden und Mitbewerber „mit herzlichen Grüßen aus Dortmund" wissen ließ, daß der RH 300 der Größte ist: „Größere gibt es noch nicht! Nirgendwo."

Nun tauchte aber ärgerlicherweise schon im Februar 1987 ein Neuling unter den Giganten auf. Im Rahmen des japanischen Regierungsprogramms SMEC (Surface Mining Equipment for Coal Research Association) hatte die Kobe Steel Corp. in Kooperation mit Mitsubishi Heavy Industries den Großbagger SMEC 4500 entwickelt. Der SMEC 4500 – obwohl fast 100 t weniger wiegend als der jetzt schon 500 t schwere Demag H 485 – war mit höherer Leistung von 2450 PS und einer 22-m³-Schaufel ausgestattet. Der SMEC 4500 ging 1987 in einem australischen Kohletagebau in die Testphase.

Damit schien die Konkurrenz in der Ultraklasse der Bagger schärfer zu werden. Ein halbes Jahr nach der Indienststellung des Demag H 485 gab Orenstein & Koppel im Februar 1987 den Verkauf eines zweiten RH 300 bekannt – immerhin acht lange Jahre nach dem ersten RH 300.

Sollte dies eine ernste Konkurrenz aus Japan werden? Der 1987 gemeinsam von Kobe Steel Co. (Kobelco) und Mitsubishi Heavy Industries entwickelte SMEC 4500 wog zwar „nur" 420 t, trug aber eine Klappschaufel mit 22 m³ Inhalt. Zu jenem Zeitpunkt konnte niemand ahnen, daß der Bagger ein Einzelstück blieb

Nur wenige Bilder tauchten vom zweiten RH 300 auf, der als elektrisch angetriebene Version erst acht Jahre nach dem ersten RH 300 verkauft wurde. Mit seiner 26 m³ großen Schaufel sollte er „gegenüber dem Demag H 485 einen Kapazitätsvorsprung von 3 m³" haben, konnte aber nicht mit den im chilenischen Kupfererztagebau beliebten Seilbaggern mithalten

Der zweite RH 300 war als Elektroversion für einen chilenischen Kupfertagebau bestimmt und mit einer 26 m³ großen Klappschaufel versehen. Die Fachpresse berichtete, ein „wesentliches Merkmal ist die 26-m³-Schaufel, die dem Bagger gegenüber dem Demag H 485 einen Kapazitätsvorsprung von 3 m³ verleiht, der jedoch bezüglich anderer wichtiger Parameter wie Gewicht und Motorleistung ähnliche Daten hat".

In Pressemitteilungen wurde hervorgehoben, daß Großhydraulikbagger nun auch Einzug in den Festgesteintagebau halten. Sämtliche ersten Einsatzfotos zeigten den elektrischen RH 300 jedoch nur an kleinkörnigen Abraum-Geröllhalden.

Den Grund zu der Entscheidung, einen RH 300 einzusetzen, wollte die Bergbaugesellschaft auf Anfrage mehrerer Redaktionen internationaler Fachzeitschriften nicht mitteilen. Bei O&K behauptete man selbstbewußt: „Großhydraulikbagger löst Seilbagger ab". Interessanterweise erwarb der Kupfererztagebau aber in der Folgezeit zwischen 1987 und 1990 zwei 33-m³- und gleich vier 35-m³-Seilbagger, jedoch keinen weiteren Hydraulikbagger. Die Bagger gesellten sich zu einer riesigen Maschinenflotte von insgesamt 21 Seilbaggern und 136 Muldenkippern.

Nun wog der RH 300 bereits 516 t und trug also eine 26-m³-Schaufel. In den ersten Datenblättern wurde 1978 beim RH 300 für Material mit einer Schüttdichte von 1,8 t/m³ eine 22-m³-Schaufel und für Erze mit 2,3 t/m³ eine 17,5-m³-Schaufel empfohlen. Mit der nunmehr um 8,5 m³ vergrößerten Erzschaufel mußte der Bagger etwa (8,5 m³ x 2,3 t/m³ =) 20 t mehr bewegen.

Mit der ursprünglichen 17,5-m³-Schaufel hätte der Bagger etwa (17,5 m³ x 2,3 t/m³ =) 40 t Material bewegt. Bei einer Ausladung der Schaufel von 16 m bedeutet dies ein Lastmoment von etwa (40 t x 16 m = ) 640 tm. Mit der 26-m³-Schaufel kamen noch einmal 20 t Gewicht und damit ein Lastmoment von 320 tm hinzu, was letztlich einer Erhöhung von 50 Pro-

In den Folgejahren wuchs der H 485 ebenfalls beachtlich: Von 475 t Gewicht auf 540 t und ab 1986 als Variante H 485S sogar auf 640 t. Damit hatte sich das ursprüngliche Baggergewicht um 35 Prozent erhöht, also um mehr als ein Drittel. Der Inhalt der Standard-Klappschaufel wuchs noch mehr, nämlich von 23 auf 33 m³, was 44 Prozent entspricht

Als zeitweise größter Hydraulikbagger der Welt (der RH 300 wurde von O&K nicht mehr angeboten) wurde der H 485S von Demag als H685S umgetauft, hier in der seltenen Version H685SP beim Beladen von Muldenkippern mit 240 US-tons (218 t) Nutzlast. Inzwischen wird der Bagger von Komatsu als 714 t schwerer PC8000 im Programm geführt    Foto: Urs Peyer

zent (!) gleichkam. Und dabei wurde das Eigengewicht der Schaufel und des Auslegers gar nicht berücksichtigt.

## Retuschierter Schaufelinhalt

Wenige Monate später, im Sommer 1987, berichteten Bergbauzeitschriften, daß der Schaufelinhalt des in Schottland eingesetzten Demag H 485 von 23 auf 26 m³ vergrößert wurde; der Bagger wog jetzt 540 t. – Diese wundersame Zunahme beim Schaufelinhalt ist relativ einfach zu erklären: Während der Präsentation des H 485 im Juli 1986 spielte ein in der Schaufel plaziertes Orchester auf. An der Schaufel stand in großen Lettern zu lesen „23 m³". In einem Prospekt von 1989 musizierte das gleiche Orchester wieder in der gleichen Schaufel, jedoch war jetzt „26 m³" einretuschiert.

Im Herbst 1989 stellte Demag einen weiteren H 485 mit einem Tieflöffel von 26 m³ vor, der nun ebenfalls 540 t schwer war. Zuvor hatte Orenstein & Koppel auf der Bauma 1989 den 475 t schweren RH 200 mit einer 20-m³-Schaufel vorgeführt. Etwas später arbeitete der Bagger bereits mit einer 23-m³-Schaufel und entsprach damit dem RH 300 in seiner Anfangsphase (420 t; 22 m³).

Natürlich müssen die Schaufelinhalte großer Bagger nach Materialdichte und -gewicht differieren. Nur – so zeigt ein Blick in die Baggerszene – werden offenbar niemals Großbagger mit kleineren Schaufeln als die des jeweiligen Vorgängermodells verkauft – ein fürwahr bemerkenswertes Phänomen.

Ebenso werden Großbagger – je „älter" sie werden – immer schwerer (Tabelle 1). Wenn also ein Bagger bei gleichen Dimensionen um 25 Prozent seines Gewichts – das sind 94 t (!) – schwerer ist als sein Vorgänger, dann erhebt sich die Frage, wo denn dieser „Massenzuwachs" im Bagger geblieben ist?

Außerdem verblüffen die Ladeleistungen der Bagger. Laut Angaben von Orenstein & Koppel vom Mai 1990 war der RH 300 für das Beladen von Muldenkippern mit 170 bis 200 short tons Nutzlast zu schnell; er belud sie angeblich mit nur zwei Ladespielen. Demzufolge waren zu viele Kipper nötig, um

Nun wanderte der Pokal für den weltgrößten Hydraulikbagger wieder zu O&K zurück: Mit dem RH 400 konnte das Unternehmen – kurz vor seiner Aufteilung in den CNH- (Case New Holland) und Terex-Konzern – einen eindeutigen Rekordbagger vorzeigen. Auf dem Dortmunder Werkshof erschien der RH 400 nicht im damals noch üblichen O&K-Rot, sondern im nüchtern-technisch wirkenden Grundierungs-Grau

den Bagger in Betrieb zu halten. Dabei sollte man wissen, daß Muldenkipper mit solchen Nutzlasten eine Kapazität von rund 100 m³ haben. Rein theoretisch entspräche dies bei nur zwei Ladespielen des RH 300 einem beachtlichen – und weder publizierten noch realistischen – Schaufelinhalt von mehr als 50 m³ (!).

Interessant ist in diesem Zusammenhang, daß noch im Dezember 1987 der chilenische RH 300 gerühmt wurde, Muldenkipper mit 170 US-tons (154 t) Nutzlast mit nur drei Ladespielen füllen zu können – von ominösen zwei Ladespielen wagte niemand zu sprechen… Von irgendwelchen Erfolgen oder Mißerfolgen des chilenischen RH 300, ob mit zwei oder drei Ladespielen, erfuhr die Öffentlichkeit nichts – über den Bagger senkte sich Stillschweigen.

Was nicht zu übersehen ist: Während der RH 300 und der H 485 mit ihren Gewichten und Schaufelkapazitäten in die Höhe schnellten, blieben der RH 200 und der japanische SMEC 4500 in ihren Daten relativ konstant. Auch der Vergleich der „Anfangsgewichte" und der „Anfangsschaufelinhalte" des RH 300 und H 485 mit dem RH 200 und dem SMEC 4500 sowie weiterer wichtiger Grunddaten ergeben ein in etwa ähnliches Bild (Tabelle 2).

Der 1986 anfänglich 475 t schwere Demag H 485 wurde zum 640 t schweren H 485S weiterentwickelt, was einer beachtlichen Gewichtssteigerung von 35 Prozent entspricht, also einer Vergrößerung des Baggergewichtes um rund ein Drittel. Ebenso konnte der Klappschaufelinhalt von ursprünglich 23 m³ auf nunmehr 30 bis 33 m³ gesteigert werden, was sogar einer Vergrößerung um 44 Prozent gleichkommt.

Nach der Übernahme von Demag durch Komatsu wurde die Typenzeichnung – besser dem inzwischen erneut erhöhten Gewicht entsprechend – in H685S geändert. Inzwischen heißt dieser Bagger PC8000 und wiegt bereits 714 t. Gegenüber dem H 685S stieg das Gewicht demnach um 74 t an, also ein erneuter Gewichtszuwachs von fast 12 Prozent. Seine Klappschaufel faßt nun schon 38 m³, also 5 bis 8 m³ mehr als beim Vorläufer – das sind 27 Prozent mehr. Die Schaufel wurde kurzerhand „mal eben so" um fast ein Drittel vergrößert !

### Kinder wachsen, Schaufeln wachsen

Der größte Hydraulikbagger des 20. Jahrhunderts und der bislang immer noch größte der Welt wurde 1997 von der O&K Mining GmbH präsentiert, die zu

Kinder mit Symbolcharakter: 42 Kleinchen, die samt fünf Kindergärtnerinnen in der 5,6 m breiten, fast 5 m hohen und 70 t schweren Schaufel des RH 400 das Klicken zahlloser Kameras erduldeten, standen für 42 m³ Schaufelinhalt – und symbolisierten Wachstum. Denn so wie die Kinder wachsen werden, darf auch davon ausgegangen werden, daß die Schaufel des RH 400 – wie bei den meisten Großhydraulikbaggern – in den nächsten Jahren wachsen und größer werden wird

Deutsche Baggertechnik bewährt sich im kanadischen Ölsand bei -40°C, denn dort werden bereits fünf RH 400 von O&K (jetzt Terex Mining) eingesetzt. Bei ihnen sind 15 Prozent Gewichtszunahme von 800 auf 920 t sogar zu erkennen: Gegenüber dem ersten Bagger mit der Nr. 11-35 erhielt Nr. 11-38 eine andere Auslegergeometrie und größere Reichweite, was entsprechende Hydraulikzylinder, einen stärkeren Drehkranz, mehr Leistung und schwerere Gegengewichte erforderte. Deutlich zeigt sich dies auch im veränderten Heckbereich des Oberwagens.

Foto unten: Urs Peyer

Mit inzwischen 920 t Gewicht, 4460 PS Motorleistung und 43,5 m³ Schaufelinhalt blieb der RH 400 bis heute mit Abstand der größte Hydraulikbagger der Welt. Bei Spielzeiten von knappen 30 Sekunden und rund 10 m Wandhöhe erzielte er im kanadischen Ölsand rekordverdächtige Ladeleistungen von stündlich 8800 t. Hier belädt ein RH 400-E mit Elektroantrieb einen ebenfalls von Terex stammenden Unit Rig-Muldenkipper MT5500 mit 360 US-tons Nutzlast

jener Zeit noch eine Tochtergesellschaft von O&K Orenstein & Koppel war. Heute firmiert das Unternehmen als Terex Germany.

Mit seiner 42 m³ großen Klappschaufel stieß der neue RH 400 in Leistungsklassen vor, die 800 bis 1200 t schweren Elektro-Seilbaggern mit Hochlöffel vorbehalten waren. Der RH 400 galt als bedeutender Meilenstein in der Entwicklungsgeschichte der Hydraulikbagger, übertraf er den bislang größten Hydraulikbagger mit damals 800 t Dienstgewicht um 23 Prozent und mit seiner 42-m³-Klappschaufel um 28 Prozent. Gegenüber recht verbreiteten Tagebau-Hydraulikbaggern betrug die Steigerung bei Dienst-

gewicht und Schaufelinhalt sogar ungefähr 50 Prozent, war also fast eine Verdoppelung. Angekündigt wurde der RH 400 übrigens schon im Sommer 1996, allerdings noch mit einem Gewicht von „nur" etwa 700 t.

Der RH 400 wurde konstruiert, um große Muldenkipper mit 240- bis 320-US-tons (218 bis 290 t) Nutzlast mit nur drei bis vier Arbeitsspielen beladen zu können. Für den Antrieb des RH 400 sorgen zwei Cummins-Dieselmotoren mit 3400 PS Gesamtleistung. Bei einem Verbrauch von 2x295 l/h reichen 16 000 l Kraftstoff für 28 Stunden Dauereinsatz. Erfreulicherweise erzielte der RH 400 die vom kana-

Sie müßten es eigentlich wissen: Als ein elektrisch angetriebener RH 400 von einem Ölsandtagebau in einen anderen umgesetzt wurde, bot sich mit Modultransportern eine ebenso bequeme wie schnelle Lösung. Die Spezialisten der beauftragten Transportfirma Van Seumeren werden das präzise Baggergewicht sicherlich gekannt haben

dischen Betreiber Syncrude bei der Ölsandgewinnung geforderten Produktionsleistungen von über 5000 t/h, so daß gleich drei weitere RH 400 bestellt wurden. In Unterlagen von Terex wird der RH 400 nun schon mit 920 t Gewicht, 4460 PS Leistung und 43,5 m³ Schaufelinhalt angeboten. Im Vergleich zum 1997 vorgestellten RH 400 verzeichnet die aktuelle Version demnach eine Mastkur von 15 Prozent Gewichtszuwachs – damit liegt der RH 400 voll im Trend der „wachsenden Großbagger".

Allerdings wird dies beim RH 400 auch begründet: Gegenüber dem Prototypen erhielt er eine veränderte Auslegergeometrie für einen optimierten Verlauf der Grabkurve und eine längere Reichweite. Dies wiederum verlangte nach größeren Hydraulikzylindern, einem verstärkten Drehkranz, leistungsfähigeren Motoren und zusätzlichen Gegengewichten. Auf diese Weise kommen leicht 15 Prozent mehr Einsatzgewicht zustande.

Dessen ungeachtet bleiben um 25 Prozent – um ein Viertel des Maschinengewichtes! – erhöhte Dienstgewichte, verdoppelte Schaufelinhalte und kurzerhand mittels Retusche um 13 Prozent vergrößerte Schaufeln mysteriös. Dank solcher Zahlen wandeln sich lobenswerte technische Meisterstücke, die im harten Einsatz tagein, tagaus Höchstleistungen vollbringen, zu simplen Marketingwerkzeugen. Damit ähneln sie der Zahnpastawerbung, wo Tuben plötzlich – oh welch erstaunliches Wunder! – 20 oder sogar 25 Prozent mehr Inhalt bieten...

| Zeit | O&K RH 300 | Demag H 485 |
|---|---|---|
| 78 / 9 | 420 t; 22 m³ | |
| 79 / 10 | 437 t; 22 m³ | |
| 80 / 3 | 475 t; 22 m³ | |
| 85 / 11 | 480 t; 26 m³ | |
| 86 / 4 | | 475 t; 23 m³ |
| 86 / 5 | 500 t | 500 t |
| 86 / 7 | | 500 t; 23 m³ |
| 87 / 5 | 514 t; 26 m³ | |
| 87 / 6 | | 540 t; 26 m³ |
| 89 / 11 | | 560 t; 26 m³ |

Dokumentation der frappierenden Zunahme von Eigengewicht und Schaufelinhalt bei den Großhydraulikbaggern RH 300 und H 485 über einen Zeitraum von elf Jahren

| | O&K RH 300 | Demag H 485 | O&K RH 200 | Kobe Steel SMEC 4500 | UZTM EG-20 |
|---|---|---|---|---|---|
| „Anfangsgewicht" (t) | 420 | 475 | 400 | 420 | 570 |
| „Anfangsschaufel" (m³) | 22 | 23 | 20 | 22 | 20 |
| Reichweite (m) | 16,5 | 18,5 | 16,2 | 16,4 | 19,0 |
| max. Ausschütthöhe (m) | 11,9 | 15,2 | 11,6 | 13,5 | 14,8 |
| Unterwagenlänge (m) | 8,42 | 10,5 | 8,55 | 9,55 | - |
| Unterwagenbreite (m) | 7,15 | 7,80 | 7,00 | 7,50 | - |
| Oberwagen-Schwenkradius (m) | 7,00 | 7,49 | 6,80 | 7,50 | - |
| Oberwagen-Deckhöhe (m) | 5,31 | 6,90 | 5,51 | - | - |
| Höhe Kabinendach (m) | 7,21 | 9,21 | 7,56 | 8,81 | - |
| Vorstoßkraft (kN) | 2200 | 1800 | 1500 | 1580 | 1960 |
| Losbrechkraft (kN) | 2200 | 1800 | 1500 | 1620 | 1960 |
| Motorleistung (kW) | 1730 | 1592 | 1516 | 1800 | 1260 |

Vergleich der wichtigsten Daten der ersten Hydraulikbagger der Ultraklasse mit über 400 t Einsatzgewicht und mehr als 20 m³ Schaufelinhalt

# Priestman

## Legendäre Bagger und Krane aus England

**von Ulf Böge**

Baumaschinen aus England haben in der heutigen Zeit nur noch wenig Anteil am gesamten Weltmarkt. Lediglich der traditionsreiche Hersteller J. C. Bamford wird heute noch dem Anspruch dieses hochtechnisierten Landes auf diesem Sektor gerecht. Als einzige bedeutende Firma Englands, kleinere Produzenten wie Benford, Matbro, Powerfab oder Sandhust ausgenommen, liefert JCB Baggerlader, Radlader, Teleskoplader und Hydraulikbagger in alle Welt.

Englands Position auf dem Weltmarkt war vor Jahren jedoch noch wesentlich dominanter und das Angebot vielfältiger. Nicht zuletzt galt Great Britain als das Land der Industriellen Revolution und das hatte sich über Jahrzehnte auch auf die Entwicklung von Baumaschinen ausgewirkt. Zahlreiche innovative Hersteller, wie beispielsweise Ransome & Rapier (NCK), Ruston oder Smith, begannen, mit neuen Konzeptionen die Arbeit auf den Baustellen zu erleichtern und wirtschaftlicher zu gestalten. Neue Technologien und Antriebe fanden in England erstmals Anwendung, und das lange bevor in Deutschland betriebsfähige Baumaschinen, speziell Bagger, hergestellt werden konnten. Auch spätere englische Baumaschinenhersteller, wie z.B. Aveling-Barford, Bray, Bristol, Brown, Chaseside, Hymac, Merton, Smalley, Weatherill oder Whitlock, haben zum Teil bis in die Achtziger Jahre entscheidende technische Impulse gesetzt.

Der wohl wichtigste und wegweisendste Baggerhersteller Englands war allerdings die Firma Priestman Brothers Ltd. aus Hull. Das Unternehmen beeinflusste durch zahlreiche Neuentwicklungen auch viele andere Hersteller weltweit und genoss vor allem in den Fünfziger und Sechziger Jahren des letz-

Der Priestman No. 1 machte seinem Namen alle Ehre. Er war in der Tat der erste in Hull gebaute Seilbagger und begründete eine lange Tradition im englischen Baggerbau. Sehr gut zu erkennen sind auch die riesigen Zweischalen-Seilgreifer mit denen Priestman bis in die Neunziger Jahre hinein zu den Marktführern zählte. Das Greiferprogramm wurde im Zuge der Abwicklung von Ruston-Bucyrus, später RB International, übernommen

Sicherlich gehörte dieses Baggeraufgebot nicht zum Standard in den Fünfziger Jahren. Daher ist es auch heute noch ein sehenswertes Highlight: Zwei Priestman „Tiger" und ebenso viele „Wölfe" mit Skimmer-Ausrüstung bei Aushubarbeiten für eine neue Metallfabrik im Jahre 1957

Das „Küken", der Priestman Cub V, gehörte zu den meistverkauftesten Kleinbaggern in England. Zahlreiche Ausrüstungen machten diesen Bagger zu einem wirklichen Universalgerät. Hier arbeitet die Maschine mit Tieflöffeleinrichtung innerhalb eines Fabrikrohbaues. Der erfolgreiche Bagger wurde auch in Lizenz in Polen bei Warynski unter der Bezeichnung KM-251 gefertigt

Im Jahre 1950 wurde der „Wolf" III getestet und der Öffentlichkeit vorgestellt. Mit 0,3 m$^3$ Löffelinhalt und 31 PS musste es der 10-Tonnen-Kleinbagger mit einer Reihe von Mitbewerbern aufnehmen. Neben England waren die Schweiz und die Beneluxländer größter Abnehmer dieser Bagger. In Deutschland gelangten Priestman-Maschinen nie zu großer Bekanntheit

ten Jahrtausends nicht nur im Vereinigten Königreich die uneingeschränkte Anerkennung. Die Bagger und Krane von Priestman sind heute jedoch fast vollkommen von den Baustellen verschwunden. Grund genug, sich noch einmal mit der Geschichte und den interessanten Maschinen des fast vergessenen Unternehmens zu befassen.

In der Industrie- und Hafenstadt Kingston-upon-Hull, am Nordufer der Mündung des Humber in die Nordsee, gründete im Jahre 1870 der damals 23jährige Ingenieur William Dent Priestman mit seinem Partner Robert Sizer eine Reparatur- und Ersatzteilwerkstätte für Unterhaltungsarbeiten in den vielen dort befindlichen Getreide- und Zuckermühlen der damaligen Zeit. Schon damals befasste sich das junge Unternehmen auch mit der Technik des Öldrucks und produzierte Hydraulikpumpen und Pressen.

Zusammen mit seinem Bruder Samuel legte William Dent Priestman im Jahre 1875 den Grundstein für die Produktion von Baumaschinen und gründeten die Priestman Brothers Ltd. of Hull. Die erste ausgelieferte Maschine war ein auf einer Barke montierter Dampfkran mit Greifeinrichtung. Er wurde in Spanien zur Bergung einer versunkenen Schiffsladung eingesetzt. Das Priestman-Schwimmbaggersystem mit Greifer setzte sich in den folgenden Jahren durch und bereits 1878 wurde die zweite Einheit an die Hafenverwaltung von Hull geliefert. Priestman spezialisierte sich von nun an auf die ständige Verbesserung der bis dahin neuartigen Greifersysteme. Insgesamt wurden so über 2500 verschiedene Typen und Größen bis hin zu 3,6 m³ Inhalt in Laufe der Firmengeschichte entwickelt. Im Jahre 1897 wurde zusätzlich die Herstellung von Spezialgreifern für den Güterumschlag aufgenommen, die dem Unternehmen weltweite Bekanntheit verschafften.

Der erste Bagger wurde im Jahre 1920 von Samuels Sohn Sydney Priestman auf Verlangen des Landwirtschaftministeriums entwickelt. Der Priestman No. 1 war ein Greifbagger mit Kranausleger, der von einem Traktor oder Raupenfahrzeug zum Einsatzort gezogen und über eine Zapfwelle von diesem betrieben werden musste. Die britische Armee rüstete für ihre Zwecke den Bagger mit einem Panzerfahrwerk aus und kreierte somit den Prototyp des ersten Priestman-Raupenbaggers. Aus allen in den dann folgenden Jahren gesammelten Erfahrungen entstand im Jahre 1923 der Priestmann No. 5 mit Dragline, also ein Schürfkübelbagger. Optional waren weitere 0,38-m³-Ausrüstungen, wie Greifer, Skimmer, Hochlöffel oder ab 1926 auch Tieflöffel, lieferbar. Der Priestman No. 5 wurde über zehn Jahre in seiner fast nicht veränderten Bauart gefertigt. Erst im Jahre 1932 wurde der wohl bekannteste und erfolgreichste Bagger dieses Unternehmens vorgestellt. Er war der erste serienmäßig hergestellte Raupenseilbagger, der die Bezeichnung „Cub" (Küken) trug und schon bald zur Standardausrüstung eines jeden britischen Bauunternehmens gehörte. Der „Cub" war die erste Maschine einer über die folgenden Jahre kontinuierlich erweiterten Baggerserie, deren Typen fortan die Namen wildlebender Tiere tragen sollten. Der nur sieben Tonnen schwere Kleinbagger war eine revolutionäre Neuerung und sorgte seinerzeit für viel Gesprächsstoff. Die bisherigen Bagger waren alle wesentlich größer und schwerer und der Erfolg wurde von vielen bezweifelt. Dennoch kamen seitdem Tausende dieser Baggertypen auf die Baustellen in aller Welt.

In rascher Folge entstanden nun die größeren Maschinen „Wolf", „Panther", „Tiger", „Lion" und „Bison" mit Löffelinhalten bis hin zu 0,75 m³. Alleine 500 Bagger wurden während des Zweiten Weltkrieges an das britische Landwirtschaftsministerium geliefert, um die Nahrungsmittelproduktion im Lande zu intensivieren. Daneben entwickelte und produzierte Priestman bereits in den Vierziger Jahren Raupenkrane mit Traglasten bis hin zu 40 Tonnen.

Die Nachkriegsjahre waren für das Unternehmen mit einer ständig wachsenden In- und Auslandsnachfrage an Baumaschinen verbunden. Die Werkhallen inmitten der Stadt waren zu klein und es wurde ein neues Grundstück am Rande der Stadt Hull gefunden. Bis 1958 war die Produktionsverlegung in das neue 16 720 m² große Werk in Marfleet abgeschlossen. Forschung, Entwicklung, Produktion und Prüfung aller Priestman-Maschinen waren nun am neuen Standort konzentriert. Während dieser Zeit waren dort über 1 000 Menschen damit beschäftigt, die bewährten Seilbaggertypen ständig zu verbessern.

Die erfolgreichsten Priestman-Bagger der Fünfziger Jahre waren neben dem „Cub" der zehn Tonnen schwere „Wolf" und der „Panther" mit einem Einsatzgewicht von rund 14 Tonnen. Ständig wurden die Maschinen verbessert. So entstand 1954 der neue 0,3-m³-Bagger „Wolff" III B mit 31 PS starkem Dorman-Dieselmotor sowie der neue Typ „Tiger" mit 0,5 m³ Löffelinhalt und 57 PS Motorleistung. Die Vorteile der Priestman-Bagger lagen vor allem in der

Als Spezialeinrichtung bot Priestman 1954 die seitenversetzte und trapezförmige Schleppschaufel. Dieser „Wolf" III B wurde 1954 unter den staunenden Augen zahlreicher Zuschauer zur Grabenreinigung im englischen Charndon eingesetzt

Dieser Priestman „Wolf" IV wurde mit Zweischalengreifer bei Kanalbauarbeiten eingesetzt. Wie die meisten Baumaschinen in England wurde auch dieser Bagger vom ausführenden Bauunternehmen gemietet. Erst viele Jahre später wurde die Vermietung von Baumaschinen auch in Deutschland populär

äußerst einfachen und robusten Konstruktion, an den langen und breiten Raupen, an den groß dimensionierten Brems- und Kupplungsscheiben sowie an den auf die einzelnen Maschinentypen genau abgestimmten starken Motoren. Zusätzlich konnte ein sogenannter T-Konverter, also Drehmomentwandler geliefert werden. Dadurch konnte beispielsweise die Kraft am Schürfkübel mehr als verdoppelt werden, ohne den Motor zu überlasten.

Im Jahre 1957 wurde der nunmehr seit 25 Jahren gebaute Typ „Cub" ein weiteres Mal in verbesserter Form vorgestellt. Als „Cub" V dominierte dieser Kleinbagger mit 0,23 m³ Löffelinhalt auf vielen Baustellen Englands. Er besaß wie alle Priestman-Bagger eine völlig geschweißte Rahmenkonstruktion des Unterwagens, über Ketten angetriebene Treibscheiben, und eine im Ölbad laufende Duplex-Rollenkette. Als Antrieb diente ein Zweizylinder-Deutz-Dieselmotor mit 32 PS Leistung. Neu war der sogenannte Cross-roll bearing, eine speziell von Priestman entwickelte Drehverbindung in Form eines riesigen Kreuzrollenlagers. Dieser Kranz war vollständig eingekapselt und übertrug die Last des Oberwagens auf eine große Zahl von Rollen und verhinderte durch seine Konstruktion jegliche Biegebeanspruchung auf den Königszapfen. Hierdurch konnten die Baggerleistungen der einzelnen Typen wesentlich verbessert werden. Der 1959 vorgestellte, rund 16 Tonnen schwere „Tiger" V-XLT mit 3,35 Meter langem und 3,09 Meter breitem Unterwagen konnte so an die Belastungsfähigkeit weit größerer Bagger heranreichen.

Mit einem Gewicht von 22 Tonnen und einem Löffelinhalt von 0,6 m³ stellte sich der im Jahre 1960 eingeführte „Lion" an die Spitze des Priestman-Baggerprogramms. Er verfügte über die bewährten

Eigenschaften der anderen Maschinen und war zudem mit einer Drucklufsteuerung ausgestattet. Die Kraft wurde von einem 75 PS starken Dorman-Dieselmotor geliefert.

Die unzähligen Verbesserungen an den Maschinen, waren auch an den sich in den folgenden Jahren immer verändernden Typenbezeichnungen abzulesen. Neu waren 1961 der „Wolf" IV und 1963 der „Lion" III und zum letzten Mal wurde 1964 der kleinste Seilbagger als „Cub" VI in weiterentwickelter Bauart angeboten. Zudem lieferte Priestman den „Lion" LT 67 auch als 36-Tonnen-Fahrzeugkran mit einer Tragkraft von 27 Tonnen sowie Autobagger „Caribou" mit 0,3 m³ Löffelinhalt.

Wie überall in Europa, begannen sich ab Mitte der Sechziger Jahre die hydraulischen Antriebssyteme für Bagger durchzusetzen. Priestman hatte sich, wie viele traditionelle Seilbaggerhersteller weltweit, bis dahin nur wenig mit dieser Art der Kraftübertragung befasst. Dennoch wurden Notwendigkeit und damit verbundene Marktchancen noch rechtzeitig erkannt. Ab dem Jahre 1964 begann dann auch bei Priestman das Zeitalter des Hydraulikbaggers. Mit dem 9,8 Tonnen schweren „Beaver" I wurde auf der Basis des „Cub" IV ein 48 PS starker Raupenbagger entwickelt. Die Löffelinhalte lagen zwischen 0,2 und 0,4 m³, so dass dieser Bagger schnell allen Standardbedürfnissen der englischen Baustellen gerecht werden konnte. Priestman begann nun eine vollkommen neue Hydraulikbaggerserie zu konzipieren. Erstes Ergebnis war der im Jahre 1967 vorgestellte 10-Tonnen-Mobilbagger „Mustang" 90 mit 0,6 m³ Löffelinhalt. Ausgerüstet war dieser wendige Bagger mit einem Sechszylinder-Dieselmotor, regulierbar von 92 bis 112 PS, der die drei Zahnradpumpen für die hydraulische Kraftübertragung antrieb. Die Auslegerkonstruktion erlaubte zwölf verschiedene Arbeitsstellungen. Dem gleichen Konzept folgend war auch der knapp 13 Tonnen schwere „Mustang" 120 aufgebaut. Dieser Raupenbagger war, wie alle Priestman-Maschinen, mit einem Taperex-Drehkranz ausgestattet. Diese Bauelemente zeichneten sich durch leisen Lauf und eine außergewöhnlich hohe Lebensdauer aus.

Im Jahre 1970 schloss sich die Priestman Brothers Ltd. der englischen Steel-Groupe Ltd. an. Das Verkaufsbüro wurde daraufhin von Hull nach London verlegt, wobei die Eigenständigkeit des Unternehmens nicht berührt wurde. Die in der Steel-Groupe

Obwohl Priestman lange Zeit keine eigenen Mobilbagger anbot, wurden jedoch Autobagger im Programm geführt. Dieser „Wolf" wurde für Erschließungsarbeiten in einem Gewerbegebiet mit Tieflöffeleinrichtung eingesetzt

Wie alle Priestman-Baggerbezeichnungen entstammte auch der „Caribou" der Tierwelt. „Der kanadische Karibu gehört zur Familie der Hirsche und ist bekannt für die Kraft seines Geweihs und die Geschwindigkeit seiner Bewegungen.", hieß es 1957 in einem Prospekt des Herstellers. Der Autobagger wurde in Kanada entwickelt und war der erste hundertprozentige englische Autobagger

Bei der Flussregulierung wurde dieser „Panther" eingesetzt. Die 14 Tonnen schwere Maschine hatte einen 44 PS starken Motor und konnte mit Schleppschaufeln bis zu 0,4 m³ eingesetzt werden. Mit der Entwicklung des „Tiger" verschwand dieser Bagger jedoch aus dem Bauprogramm

Neben den klassischen Baggerausrüstungen, wie Hoch- und Tieflöffel oder Schleppschaufel und Greifer, rüstete Priestman die Seilbagger auch mit eigenen Rammeinrichtungen aus. Dieser erste Typ „Tiger" wurde vom Werk aus direkt zur Gründungsbaustelle geliefert. Deutlich zu erkennen sind die Auslegerstreben, die ein rückwärtiges Kippen des Auslegers bei besonders steilem Stellungswinkel verhindern sollen

Inmitten der englischen Hauptstadt London arbeitet 1960 ein „Tiger" V-X mit Skimmer-Ausrüstung vor dem Marble Arch. Grund für die Erdarbeiten war die umfangreiche Umgestaltung des Hyde Parks. Obwohl fast jeder Seilbaggerhersteller den Skimmer anbot, verschwand dieser im Laufe der Sechziger Jahre vollkommen von den Baustellen

Für spezielle Einsätze auf morastigen Böden entwickelte Priestman den „Tiger" V-XLT mit besonders breiten und langen Unterwagen. Zudem wurde die Zugkraft der Maschine erhöht, so dass mit einem verhältnismäßig kleinen Bagger auch schwere Arbeiten ausgeführt werden konnten. Das machte sich, wie hier zu sehen, besonders auch beim Baggern von schwerem Schlickboden bemerkbar

Mit einem Gewicht von rund 22 Tonnen war der „Lion" III 1961 der stärkste Bagger von Priestman. Durch die Kombination der soliden, einfachen Bauart und der durch Druckluft unterstützten Steuerung wurde dieser Bagger weltweit sehr erfolgreich. Diese Maschine wurde bei Straßenbauarbeiten in der Schweiz eingesetzt

vorhandenen Unternehmen konnten vielmehr ihre Erfahrungen auch auf Priestman übertragen, was sich besonders bei der Entwicklung der Hydraulikbagger zeigen sollte. Hieraus entstand 1971 der moderne und vollkommen neu gestaltete Raupenbagger „Mustang" 220 mit knapp 23 Tonnen Dienstgewicht und Löffelinhalten bis hin zu 1,1 m³. Es folgten daraufhin 1973 der mit 20,6 Tonnen etwas leichtere „Mustang" 160 sowie der „Mustang" 320. Letzterer wurde jedoch nur als Prototyp auf englischen Baustellen erprobt und wurde nie in Serie gefertigt. Der Mobilbagger wurde nun mit verstärkten Leistungsdaten als „Mustang" 100 angeboten.

Nicht nur als Bagger, sondern auch als Kran war der „Lion" III erfolgreich. Ausgestattet mit einem 18-Meter-Grundausleger und einem zusätzlichen, sieben Meter langen Nadelausleger brachte diese Maschine Betonelemente für eine neue Schule millimetergenau in die richtige Position. Durch die spezielle Dual-Schaltung der Winden war ein gleichzeitiges Heben beider Kranflaschen möglich

Der Autokran LT 67 basierte auf dem „Lion" III und wurde auf einem Foden CC8-10 Chassis aufgebaut. Während der Oberwagen von einem Dorman-Vierzylinder-Dieselmotor angetrieben wurde, bezog das vierachsige Fahrgestell die Energie aus einem Gardner-Motor. Die Maschine hatte eine maximale Traglast von 30 Tonnen

Knapp 14 Jahre nach seiner ersten Vorstellung war der „Lion" immer noch im Lieferprogramm vertreten. Unter der neuen Bezeichnung BC 72 wurde dieser Bagger mit 1,2-$m^3$-Schleppschaufel fast ein ganzes Jahr rund um die Uhr in Schottland bei Hafenerweiterungsarbeiten eingesetzt. Ohne technische Probleme, was der Hersteller natürlich besonders hervorhob

Alle Neuentwicklungen wie der „Bison" oder die Typenserien „MC" und „BC" waren prinzipielle Modifizierungen des Erfolgstyps „Lion" III. So wurden vergrößerte Unterwagen und stärkere Motoren installiert. Der „Bison" verfügte über einen luftgekühlten Lister-Dieselmotor mit sechs Zylindern. Andere Typen erhielten Motoren von Caterpillar. Vor der Auslieferung an den Kunden durchliefen die Maschinen ein unfangreiches Testprogramm

Als Spezialität von Priestman zählten von Anfang an spezielle Schwimmgreifer. Auch die entsprechenden Trägergeräte wurden in Hull gefertigt. Diese gigantischen Bagger konnten mit Greifern mit bis zu 3,5 m³ Fassungsvermögen ausgerüstet werden. Dieses Baggerschiff verfügte über vier solcher Spezialmaschinen, die zur Vertiefung der Schifffahrtsrinne eingesetzt wurden und pro Stunde bis zu 8000 m³ Schlamm zu Tage fördern konnten

Der „Lion" 25 gehörte zur letzten Seilbaggerserie von Priestman. Die Maschinen waren weiterhin mechanisch angetrieben, verfügten jedoch fast alle über ein hydraulisch verstellbares Laufwerk

Priestmans erster Hydraulikbagger war der „Beaver". Diese Maschine entstand auf Grundlage des kleinen „Cub", während die Hydraulikkonzeption auf einer Lizenz von Yumbo aus Frankreich basierte. Angetrieben wurde der Bagger von einem 53 PS starken Ford-Dieselmotor. Der große Erfolg war diesem „umgebauten" Seilbagger allerdings nicht beschert worden

Mit dem „Mustang" 90 konnte Priestman den ersten vollkommen eigenständig entwickelten Hydraulikbagger vorstellen. Der Bagger war nunmehr vollhydraulisch und hatte wahlweise Zwei- oder Vierradantrieb. Obwohl im England der Sechziger Jahre neun von zehn verkauften Baggern auf Raupenfahrwerk zum Kunden rollten, entschied sich Priestman als Debüt für einen Mobilbagger

Für Einsätze auf schwierigem Gelände konnte der „Mustang" 120 mit verschiedenen Unterwagenvarianten und Kettenbreiten ausgestattet werden. Zudem standen zahlreiche Ausrüstungsmöglichkeiten zur Verfügung. Diese Maschine wurde mit einem Spezialausleger und Grabenräumlöffel im Kulturbau eingesetzt

Neben den Hydraulikbaggern bestand das Programm Anfang der Siebziger Jahre weiter aus den Seilbaggern „Lion" III und „Bison" III sowie den Raupenkranen LC-51 und BC-80. Daneben wurde der Fahrzeugkran BT-80 angeboten. Priestman erweiterte nunmehr das Kranprogramm und stellte eine Reihe weiterer Typen vor. Diese Maschinen und auch die weiteren Raupenkrane MC 200, MC 250, MC 300, MC 350 sowie MC 400 mit Gewichten von 27,9 bis 41 Tonnen basierten jedoch alle auf dem Grundgerät des „Lion" III A. Um größere Motorleistungen zu erreichen, ersetzte man jedoch die Dorman-Motoren durch stärkere Caterpillar-Dieselmotoren, die z. T. auch mit Turbolader ausgerüstet waren.

Die unübersichtliche Typenvielfalt könnte ersten Aufschluss darüber geben, wie die Situation des Unternehmens in der damaligen Zeit war. Mehrere Eigentümerwechsel – ab 1974 gehörte Priestman zum Acrow-Konzern, dann zur Sanderson-Gruppe – und der mangelnde Erfolg mit den Hydraulikbaggern waren Vorboten für den baldigen Niedergang.

Ab 1978 reduzierte sich das Angebot dann auf die neuentwickelten Typen „Lion" 25 und „Lion" 35. Diesen modernen Maschinen folgten die weiteren Typen „Lion" 40 „Lion" 50 und „Lion" 70 und „Lion" 85. Bis auf den kleinsten Typ waren alle Bagger mit einem hydraulisch verstellbaren Fahrwerk ausgestattet.

Ein weiteres letztes konstruktives Highlight konnte Priestman mit der Vorstellung des Spezialhydraulikbaggers VC 15 machen. Unabhängig von der ständig weiterentwickelten „Mustang"-Serie wurde mit dem „Variable Counterbalance"-Bagger eine sinnbringende Kombination zwischen Seil- und Hydrau-

Die weit nach vorne gezogene Kabine des „Mustang" 220 ermöglichte dem Fahrer stets einen guten Blick über den gesamten Arbeitsbereich. Auch in allen anderen Belangen war dieser Bagger eine sehr moderne und kraftvolle Maschine. Dennoch wurden außerhalb des Vereinigten Königreiches nur sehr wenige Stückzahlen verkauft. Dieser nagelneue „Mustang" kam in der Schweiz zum Einsatz

Um die Lücke zwischen den Raupenbaggern „Mustang" 120 und 220 zu schließen, wurde der „Mustang" 160 entwickelt. Nach umfangreichen Erprobungen – bei diesem Prototyp wurde gerade die Steigfähigkeit getestet – startete 1973 die Serienfertigung. Die Priestman-Hydraulikbagger verfügten über eine Summenleistungsregelung, servounterstützte Bedienung, mehrfach verstellbare Ausleger und zahlreiche Ausrüstungen

Der „Mustang" 2-12 gehörte 1987 zur letzten Hydraulikbaggerserie von Priestman. Obwohl die Qualität und die Leistungsfähigkeit dieser Maschinen dem internationalen Standard entsprachen, konnten sich die Bagger gegen den Wettbewerb – vor allem aus Fernost – selbst in England nicht mehr durchsetzen

Bis heute sind die Bagger der „Variable Counterbalance"-Serie eine Besonderheit. Auf Anregung von Kunden entstand in Zusammenarbeit mit verschiedenen Konstrukteuren ein Hydraulikbagger, der erstmals auch in Arbeitsbereiche vordringen konnte, in denen sonst nur größere Seilbagger eingesetzt wurden. Der VC 20 /20 hatte bei einer Auslegung von 20 Metern noch eine Tragkraft von 1,6 Tonnen und arbeitete mit einem 0,8-m$^3$-Tieflöffel

likbagger geschaffen. Mit dieser Maschine konnten Arbeitsbereiche bis zu 20 Metern erzielt werden, die sonst nur Seilbaggern vorbehalten waren. Zudem war aber auch ein exaktes Führen der Arbeitseinrichtung möglich. Die Baggerserie umfasste die Typen VC 15 mit rund 21 Tonnen Dienstgewicht und VC 20/15 bzw. VC 20/20 mit Einsatzgewichten von 28,7 bis knapp 30 Tonnen.

Ende der Achtziger Jahre bot Priestman neben den VC-Spezialbaggern, einen 11-Tonnen-Mobil- und weitere drei Raupenbagger mit Gewichten von 12 bis 18 Tonnen an. Die Seilmaschinen verschwanden nach und nach – lediglich der Mobilkran Dynamic Compactor 510 wurde als Spezialmaschine für die dynamische Bodenverdichtung auf Flugfeldern oder Deponien weiterhin verkauft.

Der steigende Anteil von ausländischen Bagger-anbietern setzte den traditionellen englischen Herstellern sehr zu. Gegen die günstigeren Fabrikate japanischer und später koreanischer Produzenten konnten sie nicht standhalten. Neben Hymac spürte dies auch Priestman, was letztendlich zur Einstellung der Produktion führen musste. Die VC-Spezialbagger wurden allerdings von Ruston-Bucyrus übernommen und werden bis heute in modifizierter Bauart weiter produziert. Priestman fertigte noch für kurze Zeit Hubarbeitsbühnen, bevor das Werk in Hull endgültig stillgelegt wurde.

Besonderer Dank gilt Herrn Ulrich Rohrer, ohne dessen Hilfe und Wissen dieser Bericht nicht in diesem Umfang hätte geschrieben werden können.

Jahrbuch 2004

# Tagebau-Großgeräte

## Bericht über eine Rundreise durch die USA

**von Rainer Oberdrevermann**

Dies ist der Bericht über eine Reise durch die Vereinigten Staaten, die ich vor mehr als 28 Jahren unternommen habe, genauer gesagt vom 7. Februar bis zum 1. März 1975. Obwohl – oder vielleicht besser formuliert gerade weil – diese Tour bereits so lange zurückliegt, sind Bericht sowie Fotos sicherlich zumindest von historischem Interesse.

Der alleinige Grund für diese Reise lag in meinem großen Interesse an Erdbewegungsgeräten. Konsequenterweise war es mein einziges Bestreben während der zur Verfügung stehenden Zeit von leider nur drei Wochen, neben einem Besuch der CONEXPO '75 Baumaschinenausstellung in Chicago eine möglichst große Anzahl von Tagebauen aufzusuchen mit dem Ziel, dort möglichst viele und vor allem auch große Erdbewegungsgeräte im Einsatz zu beobachten. In Anbetracht dieser doch sehr speziellen Interessen hatte ich es vorgezogen, allein zu reisen.

Die folgenden Seiten könnten gut und gerne auch als ein historischer Artikel angesehen werden, der einen Zeitabschnitt zum Thema hat, in dem das metrische System in den USA noch kaum gebräuchlich war. Dennoch habe ich, sofern im Text nicht anders angemerkt, alle dort angegebenen Längenmaße, Volumina und Gewichte, die ich jeweils zeitgenössischen Unterlagen und/oder meinen eigenen Aufzeichnungen entnommen habe, zuvor in metrische Maße umgerechnet. Lediglich bei den Angaben zur Motorleistung war dies aufgrund von Umrechnungsschwierigkeiten nicht mit hinreichender Genauigkeit möglich. Daher sind diese Werte in PS (entsprechend hp) angegeben.

Ich hatte die Tour mit Unterstützung des inzwischen nicht mehr existierenden US Bureau of Mines vorbereitet. Denn mit Hilfe dieser Institution konnte ich die Adressen von Kohletagebauen in Erfahrung bringen, die für mich aufgrund der dort im Einsatz befindlichen Geräte von Interesse sein würden. Weiterhin erfuhr ich die Namen derjenigen Personen, die ich wegen der Genehmigung zur Besichtigung ansprechen konnte. In der Folge schrieb ich eine größere Anzahl von Kohleminen in den Bundesstaaten Illinois, Indiana, Kentucky und Ohio an mit dem höchst erfreulichen und in dieser Form von mir kaum zu erwartenden Ergebnis, dass ich – mit Ausnahme von einem oder zwei Tagebaubetrieben, von denen keine Rückmeldung erfolgte – ausschließlich positive Antworten erhielt, verbunden mit der Einladung, die jeweilige Mine zu besichtigen. Besuche der einen oder anderen Mine im Südwesten der USA wurden durch Kontakte ermöglicht, die ich auf der CONEXPO geknüpft hatte.

Eine mich während der Rundreise insbesondere interessierende Gerätegattung waren jene gigantischen „Stripping Shovels", über die ich mich bereits in den Jahren zuvor so gut wie eben möglich informiert hatte, hauptsächlich durch Kontakte zu den beiden Herstellerfirmen, aber auch durch die Lektüre amerikanischer Fachzeitschriften.

Zur damaligen Zeit war es übrigens, dies als kleiner Einschub, selbstverständlich noch keineswegs vorhersehbar, dass die allermeisten dieser Großgeräte nur 10 bis 20 Jahre später längst nicht mehr existieren würden. Aus diesem Grund ist dieser Artikel in Teilen durchaus auch als eine Erinnerung an die in der Tat allein aufgrund ihrer Größe beeindruckenden „Stripping Shovels" zu verstehen.

Dieser mit Fug und Recht als plötzlich zu bezeichnende Umschwung hing in erster Linie mit der insbesondere von den Tagebaubetreibern schnell vorangetriebenen Weiterentwicklung des Schreitbaggers zusammen und dem sich hieraus ergebenden Wandel in der Abbaumethode. Denn von nun an wurden zunehmend diese großen und nicht minder eindrucksvollen Schleppschaufelbagger zum streifenförmigen Freilegen des Kohleflözes eingesetzt, da sie aufgrund ihres geringeren Bodendruckes oben auf dem Abraum stehen konnten, und nicht, wie die inzwischen ins Riesenhafte vergrößerten Löffelbagger, tief im engen Gewinnungsgraben auf der Kohle. Außerdem verfügen die Schreitbagger im Vergleich zu letzteren über eine wesentlich größere Reichweite, so dass nun auch tiefer gelegene Kohle gewonnen werden konnte.

Die Conexpo wird von der CIMA getragen, einem Zusammenschluss der amerikanischen Hersteller von Baumaschinen. Bis in die achtziger Jahre hinein fand diese Ausstellung ungewöhnlicherweise nur alle sechs Jahre statt. Dann wurde der Zyklus verkürzt. Obwohl es sich bei der CONEXPO nicht um die größte Baumaschinenausstellung der Welt handelt – die BAUMA beispielsweise ist, was die belegte Fläche und die Anzahl der Aussteller betrifft, wesentlich größer – war sie für mich gerade deshalb sehr interessant, weil sie zu der damaligen Zeit noch als eine fast ausschließlich nationale amerikanische Ausstellung abgehalten wurde. Dies bedeutete, dass dort aufgrund des im Vergleich zu Europa riesigen Marktes mit seinen oftmals ungleich größeren Baustellen auch entsprechend größere, häufig in Europa unbekannte Maschinen ausgestellt wurden. Andererseits jedoch durften überhaupt zum ersten Mal in der Geschichte der CONEXPO auch einige nicht-amerikanische Firmen ihre Produkte ausstellen (siehe auch weiter unten). Hierzu mussten diese allerdings zuvor die Mitgliedschaft in der CIMA erwerben.

Aber gleichzeitig handelte es sich zumindest an allen größeren Ausstellungsständen auch um eine riesige Showveranstaltung, professionell inszeniert, mit Musicals, Zauberern, bekannten Showstars, Multimedia-Präsentationen und natürlich auch mit vielen hübschen Mädchen. All dies wurde natürlich abgespult, um auf diese typisch amerikanische Art und Weise das Interesse der Besucher auf das jeweilige Produkt zu lenken.

Ich empfand es als recht gewöhnungsbedürftig, dass die Ausstellung in zwei riesigen Hallen stattfand, die einige Kilometer voneinander entfernt lagen; eine von diesen beiden besaß auch einen, wenn auch nicht sehr großen Ausstellungsbereich unter freiem Himmel. Die Verbindung zwischen den beiden Hallen allerdings war recht gut durch Busse gelöst, die in kurzen Zeitabständen verkehrten.

Die ausgestellten Maschinen waren hochinteressant. Die meisten, und natürlich nicht nur diejenigen, die auf der Ausstellung zum ersten Mal der Öffentlichkeit präsentiert wurden, hatte ich noch nie zuvor gesehen.

Für mich als Scraper-Fan war die Feststellung besonders erfreulich, dass insgesamt nicht weniger als 16 dieser Maschinen von sieben Herstellern und in allen gängigen Bauarten (Schub- bzw. Elevatorscraper, Antrieb mit einem oder mit zwei Motoren, Ein- oder Zweiachs-Zugtraktor) ausgestellt waren.

Aus meiner persönlichen Sicht heraus habe ich, in alphabetischer Reihenfolge, einige Hersteller mit ihren besonders interessanten, dort ausgestellten größeren Erdbewegungsmaschinen aufgelistet:

### ■ Caterpillar

Viele Maschinen wurden zum ersten Mal gezeigt. Hierzu gehörten der Prototyp des 777 Muldenkippers mit einer Nutzlast von 77 Tonnen, der 245 Hydraulikbagger als das dritte Gerät einer damals für Caterpillar noch neuen Produktreihe, ausgerüstet mit einer 3 $m^3$ fassenden Klapp-Ladeschaufel, die D9H Raupe mit einem 410 PS leistenden Motor als Nachfolgerin der heutzutage bereits legendären D9G, und schließlich der 992B Radlader mit einer 7,6-$m^3$-Schaufel, der den sehr erfolgreichen 992 ablöste. Die an diesem Gerät als Sonderausrüstung angebauten, zur Reduzierung des Reifenverschleißes entwickelten Beadless-Reifen besaßen als Lauffläche einzeln auswechselbare Stahlplatten. Drei Scraper waren ebenfalls auf dem Caterpillar-Messestand vertreten: der 623B Elevatorscraper mit einem Fassungsvermögen von 16,8 $m^3$, der 621B mit 15,3 $m^3$ als konventioneller schubbeladener Scraper sowie der 637 Doppelmotorscraper mit einem Kübelvolumen von 23 $m^3$.

### ■ Clark-Michigan

Eine der im wahrsten Sinn des Wortes größten Attraktionen der gesamten Ausstellung überhaupt war zweifellos der 675 Radlader, der mit seiner 18,3 $m^3$ fassenden Schaufel, den zwei Antriebsmotoren, die zusammen 1270 PS leisteten, und einem Betriebsgewicht von 157 Tonnen der bei weitem größte bis zu diesem Zeitpunkt gebaute Radlader war. Weiterhin erwähnen möchte ich den 475B 9,2 $m^3$ Radlader und den 380A Raddozer mit einem Betriebsgewicht von 56 Tonnen, der mit einem speziellen Kohleschild ausgestellt war.

### ■ CMI

Dieser große, hydrostatisch angetriebene Grader war laut Prospektangaben in der Lage, speziell bei der Bearbeitung von großen Flächen eine von vergleichbaren Gradern des Wettbewerbs nicht erreichbare Ebenheit bei der Erstellung eines Feinplanums zu erzielen.

Caterpillar 992B Radlader mit der für diese Bauserie charakteristischen Anordnung des Überrollschutzes für die Fahrerkabine; ausgerüstet ist er mit der von Cat entwickelten Beadless-Bereifung

Erstmals anläßlich der CONEXPO '75 präsentierter Cat 777, der die Baureihe der beiden zu dieser Zeit bereits existierenden, mechanisch über Drehmomentwandler und Lastschaltgetriebe angetriebenen Caterpillar Muldenkipper nach oben hin erweiterte

Clark-Michigan 675 Radlader, aufgenommen aus rückwärtigem Blickwinkel; auffällig ist der in Anbetracht des hohen Gewichtes des Laders zwangsläufig recht massiv ausgelegte Überrollschutz für das Fahrerhaus

### Demag
H 101 Hydraulikbagger mit einem Gewicht von etwa 100 Tonnen und einem Klappschaufelinhalt von 5 bis 6 m$^3$

### Euclid
R-50 Muldenkipper und B-30 Bodenentleererzug

### Fiat-Allis
Im Mittelpunkt standen die 41B, zu dem damaligen Zeitpunkt mit ihrer Motorleistung von 524 PS immer noch die größte weltweit in Serie produzierte Raupe, und ein Raupen-Prototyp in der 400-PS-Klasse, der später mit Modell 31 bezeichnet wurde. Der Kübel des ebenfalls präsentierten 261 Elevatorscrapers fasste 17,6 m$^3$.

### International Harvester Co.
Von seiner Größe her dicht hinter dem bereits beschriebenen Michigan 675 einzuordnen war der 580 Radlader, der bereits einige Jahre zuvor als Prototyp vorgestellt worden war, mit einem Schaufelinhalt von nun 16 m$^3$, einem Gewicht von 112 Tonnen und einem Motor mit 1075 PS Leistung die zweitgrößte in Chicago ausgestellte Erdbewegungsmaschine. Entsprechend dicht wurde er von den Besuchern umlagert. Seitens IHC wurde dieses Gerät übrigens, ganz offensichtlich mit spezieller Zielrichtung auf die größeren Konkurrenzgeräte Michigan 675 und den mit elektrischem Antrieb in den Radnaben versehenen LeTourneau L-1200, oft auch als „größter Radlader der Welt mit mechanischem Antrieb und mit nur einem Antriebsmotor" bezeichnet. Denn tatsächlich handelte es sich eben „nur" um das drittgrößte Gerät seiner Art in der Welt. Der 45 Tonnen tragende Muldenkipper Modell 350 mit Allradantrieb hatte den bekannten PayHauler 180 abgelöst. Als Beispiele einer neuen Scraper-Baureihe waren zu sehen der 444 Doppelmotor-Elevatorscraper mit 16,8 m$^3$ Kübelinhalt, der 433 Doppelmotorscraper mit 16,1 m$^3$ Kapazität und der 412 Elevatorscraper, 8,5 m$^3$. Zu erwähnen wäre schließlich noch die 310 PS leistende TD-25C Raupe.

### John Deere
JD 762 Elevatorscraper mit einem einachsigen Zugkopf, der ohne Schubhilfe gehäufte 9,5 m$^3$ laden konnte

### Mack
Der ehemals sehr bekannte Hersteller von Muldenkippern, der die Produktion derartiger Fahrzeuge allerdings zu Beginn der achtziger Jahre aufgab, stellte den „Mack-Pack" vor, einen allradangetriebenen Bodenentleerer mit über der hinteren Achse angebrachtem 475-PS-Motor und einer Nutzlast von 32 Tonnen. Dieser besaß, ähnlich wie ein Scraper, einen knickgelenkten Zugkopf und war wohl auch als Konkurrenz für diese Maschinengattung konstruiert worden. Vom Getriebe her war er für eine Höchstgeschwindigkeit von erstaunlichen 80 km/h ausgelegt.

### Marathon LeTourneau
Der ausgestellte L-700A Radlader war das erste Serienmodell in der bis heute sehr erfolgreichen, dieselelektrisch angetriebenen Radladerbaureihe dieses Herstellers. Er war ausgerüstet mit einer 11,5 m$^3$ fassenden Schaufel und besaß ein Gewicht von 82 Tonnen.

### MRS
Zwei Geräte dieses in Europa gänzlich unbekannten Herstellers von Scrapern waren ausgestellt. Es handelte sich um den konventionellen I-105S/105S mit einem gestrichenen Kübelinhalt von 16 m$^3$ und um den Elevatorscraper I-95S/95ES mit 12,3 m$^3$. Beide waren besonders interessant aufgrund der Zweiachs-Bauweise ihrer Traktoren.

### Northwest
Blickfang war ein 105 Tonnen schwerer Hydraulikbagger mit der Typenbezeichnung 100-DH. Er besaß einen Tieflöffelinhalt von 6,9 m$^3$. In dem begehbaren Oberwagen waren als Standardausrüstung auch Hubtrommeln (!) eingebaut, so dass das Gerät relativ zügig in einen Gittermast-Raupenkran mit einer maximalen Tragfähigkeit von 150 Tonnen umgerüstet werden konnte. Es steht zu vermuten, dass eine derartige Kombination von großem Hydraulikbagger und Kran bis heute einzigartig geblieben ist.

### Orenstein & Koppel
Der große RH 60 Hydraulikbagger dieses deutschen Herstellers mit einem Gewicht von 118 Tonnen, zwei jeweils 380 PS leistenden Motoren und einem Schaufelinhalt von 6 bis 8 m$^3$ wurde in den USA zum ersten Mal ausgestellt.

CMI AG 65-B Grader, angetrieben von einem beachtliche 375 PS leistenden Dieselmotor und ausgerüstet mit einer über einen mechanischen Aufnehmer gesteuerten Feinplaniereinrichtung

Euclid B-30 Bodenentleerer, als kleinstes Gerät der entsprechenden Baureihe dieses Herstellers in Europa meines Wissens nie in großem Stil zum Einsatz gekommen

Blick von vorne auf den IHC 580 Radlader; man beachte den einzelnen Schaufel-Kippzylinder und den in einem Stück gegossenen, entsprechend massiv ausgelegten Umlenkhebel der Z-Kinematik

■ **Poclain**

Von diesem, leider bereits seit langem nicht mehr existierenden französischen Hersteller ausgestellt waren der seinerzeit für den amerikanischen Markt neue 600 CL Hydraulikbagger in Tieflöffelausführung mit 4,5 m³ Inhalt sowie der bereits damals um so bekanntere HC 300 mit einer 3 m³ fassenden Ladeschaufel.

■ **Terex**

Von besonderem Interesse für mich waren der 72-81 Radlader mit einem Schaufelinhalt von 6,9 m³ und der 33-09 Muldenkipper mit einer Kapazität von 50 Tonnen. Weiterhin waren die beiden Doppelmotorscraper TS-18 mit einem Kübelvolumen von 13,8 m³ und der weitverbreitete TS-24 mit 18,4 m³ Fassungsvermögen sowie der Elevatorscraper S-23E mit einer Kapazität von 17,6 m³ vertreten.

■ **WABCO**

Gezeigt wurde erstmals der Prototyp des 353FT Doppelmotor-Elevatorscrapers, der mit einem Fassungsvermögen von 27,5 m³ und einer Gesamt-Motorleistung von 1025 PS als der größte seiner Art galt. Der demgegenüber wesentlich bekanntere 252FT, ebenfalls ein Doppelmotorscraper mit Elevatoreinrichtung, war mit einer Transportkapazität von 19,1 m³ sozusagen der kleinere Bruder des 353FT. Dritter Scraper auf dem Messestand war der 101F, seines Zeichens ein 7-m³-Elevatorscraper. Weiterhin präsentiert wurden unter dem Motto „A Tradition of Excellence" ein ursprünglich einmal von Pferden gezogener Grader der Firma Adams aus dem Jahr 1922 in Originalgröße, bezeichnet als „Giant Road King", und ein schönes Modell des weltweit ersten, von R.G. LeTourneau im Jahr 1923 gebauten selbst angetriebenen Scrapers. Mit diesem Scraper war sein Erbauer allerdings, was dessen Leistungsvermögen betraf, dermaßen unzufrieden, dass er dieses Projekt aufgab und sich erst viele Jahre später wieder mit dem Bau eines mit einem eigenem Antrieb versehenen Scrapers beschäftigte. Der ausgestellte Grader war, nebenbei bemerkt, mit der berühmten, von Adams erstmals angewendeten Radsturzverstellung ausgerüstet, die inzwischen längst zur Standardausrüstung von praktisch allen Gradern gehört.

Während der Ausstellung erfuhr ich auf dem Terex Messestand, dass ein Hinterkipper mit der schier unglaublichen und damals überhaupt nur schwer vorstellbaren Nutzlast von 317 metrischen Tonnen bzw. 350 short tons, der gerade im kanadischen Werk dieser Firma fertiggestellt worden war, nunmehr eine Serie von Tests in einer Eisenerzmine in Kalifornien absolvieren sollte. Bereits zuvor war mir auf meine Frage hin auf dem Caterpillar-Stand versichert worden, dass die größten Cat-Scraper der Typen 660/666 immer noch (und das bereits seit 1965/66) in großer Zahl in der Twin Buttes Mine in Arizona im Einsatz seien, um in großem Stil relativ leicht zu ladendes Abraummaterial oberhalb einer sehr ergiebigen Kupfererz-Lagerstätte abzuräumen. Und schließlich konnte ich auf dem Stand von Marathon LeTourneau in Erfahrung bringen, dass gleich mehrere L-700A Radlader in einem Tagebau in New Mexico zum Verladen der freigelegten Kohle eingesetzt waren. Diese neuen Informationen veranlassten mich nach einigem Abwägen, meinen ursprünglichen Plan, auch in Ohio einige Kohleminen zu besichtigen, aufzugeben. Stattdessen entschloss ich mich, per Greyhound Bus für den Zeitraum von einer Woche quer durch die USA bis zu den erwähnten Staaten im Südwesten zu reisen, in der Tat etwas weiter, als ich ursprünglich vorgehabt hatte.

Doch diese Entscheidung hatte zumindest keine finanziellen Konsequenzen für mich. Denn noch in Deutschland hatte ich den damals mit „Greyhound Ameripass" bezeichneten Ausweis erworben, der mir für den Zeitraum von 14 Tagen freie Fahrt auf allen Greyhound-Strecken ermöglichte, unabhängig von der zurückgelegten Entfernung.

Vor meiner Abfahrt verbrachte ich noch einen interessanten Vormittag im „Museum of Science and Industry" in Chicago. Doch dann standen während der restlichen Zeit meines Aufenthalts in den USA praktisch ausschließlich Tagebaugeräte im Vordergrund meiner Aktivitäten.

Nach telefonischer Absprache verließ ich Chicago gegen Abend mit Zielrichtung Evansville/Indiana, wo ein Angestellter der ersten Mine, die ich besichtigen wollte, mich am nächsten Morgen erwartete.

### Ayrshire Mine (Amax)

Die Ayrshire Kohlemine war ein zum Zeitpunkt meines Besuches noch sehr junger Tagebaubetrieb, war sie doch erst gegen Ende des Jahres 1973 in vollen Betrieb gegangen. Ausgelegt war sie für eine Jahresproduktion von 3 Millionen short tons. Zwei Kohle-

Seitens des Herstellers offiziell mit „Mack-Pack" bezeichneter, knickgelenkter und über Wellen zu beiden Achsen mechanisch angetriebener Bodenentleerer mit Heckmotor; hinter der Vorderachse ist das Knickgelenk zu erkennen

MRS Scraper, bestehend aus dem von diesem Hersteller ausschließlich verwendeten Zweiachstraktor und, auf diesen aufgesattelt, einem größenmäßig passenden konventionellen Schürfkübel

WABCO 353FT Doppelmotorscraper mit seinem durch zwei Elektromotoren angetriebenen Elevator und dem für Wabco Scraper typischen, mittig angeordneten Fahrerstand

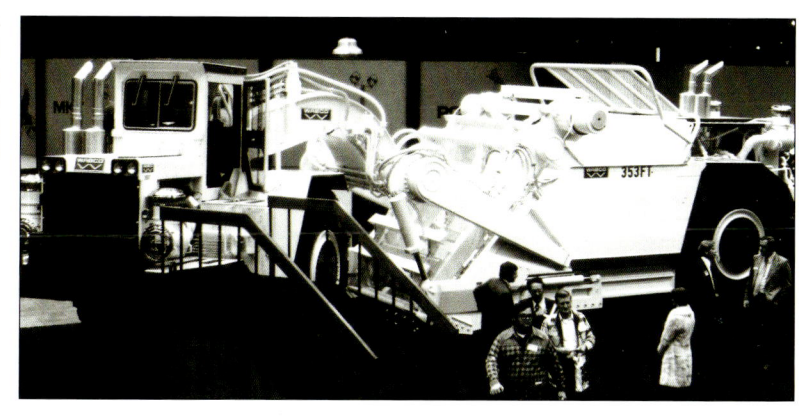

Großes Modell des weltweit ersten Scrapers mit eigenständigem Antrieb seiner Eisenräder und der Kübelbewegungen, der im Original 1923 von R.G. LeTourneau gebaut worden war

Marion 8950 Schreitbagger beim Zurückschwenken des an vier Hubseilen hängenden Schürfkübels, der beladen bis zu 352 Tonnen wiegen kann; gut sichtbar ist eines der beiden seitlich an dem um 360 Grad drehbaren Oberwagen angebrachten Schreitwerke

Detailansicht des Marion 8950 Schreitbaggers von vorne. Der Kübel ist mittels der vier Zugseile bis in die Nähe des Baggers herangezogen. Je einer der beiden Führerstände kann vom Baggerführer wahlweise benutzt werden

flöze mit einer Dicke von zusammen rund 2 m waren dort von einer 6 m bis 30 m mächtigen Abraumschicht überdeckt. Das ebenfalls zu entfernende taube Gestein zwischen den beiden Flözen war bis zu 3 m dick, und die Breite des Gewinnungsgrabens war bereits während der Planungsphase mit 40 m festgelegt worden.

Für das Abräumen der großen Abraummengen wurde in erster Linie der größte jemals von der Firma Marion gebaute, und damit gleichzeitig auch einzige Schreitbagger des Typs 8950 eingesetzt. Er war mit einem 115 m$^3$ fassenden Kübel ausgerüstet, entsprechend einer Masse von 205 Tonnen Abraummaterial. Der Auskippradius lag bei 94,5 m und das Gewicht des Baggers betrug 5.990 Tonnen. Konstruiert worden war er in der typisch amerikanischen Art, indem nicht die Leistung eines gegebenen Elektromotors im Vergleich zu dem in einer kleineren Maschine eingebauten Motor erhöht wurde, sondern indem stattdessen die Anzahl der kleineren und untereinander identischen Motoren entsprechend den Erfordernissen vergrößert wurde. So waren auf diesem Bagger zehn Hubmotoren für den Kübel, acht Motoren zum Einziehen des Kübels und sechs Motoren zum Drehen des Oberwagens eingebaut, jeder für sich mit einer Leistung von 1250 PS. Für den Antrieb des Schreitwerkes sorgten vier Motoren à 1.000 PS, die ebenfalls in dem Maschinenhaus untergebracht waren, das die wahrlich beeindruckenden Innenmaße von 33 m x 29 m x 12 m aufwies. Der Kübel hing an vier Hub- und weiteren vier Zugseilen von jeweils 9,5 cm Durchmesser. Täglich, das heißt selbstverständlich rund um die Uhr, konnten mit diesem imposanten Schreitbagger problemlos um die 90.000 m$^3$ Abraum umgesetzt werden.

Einige allgemeine Anmerkungen zur Technik des Abbaus der Kohle, wie er beispielsweise in den USA praktiziert wird: Um an die Kohle zu gelangen, muss zunächst die über dieser liegende Abraumschicht entfernt werden. Dies geschieht bei dem mit Streifenabbau („strip mining") bezeichneten Abbauverfahren entweder durch einen Schreitbagger oder alternativ durch eine „Stripping Shovel". Prinzipiell geht der Abbau so vor sich, dass das in aller Regel vorgesprengte Abraummaterial von dem Schürfkübel bzw. von dem Löffel des Baggers aufgenommen wird. So entsteht ein Abbaugraben, dessen Breite in erster Linie von der Reichweite des Baggers abhängig ist. Anschließend wird das taube Gestein seitwärts in den benachbarten Abbaugraben, der zuvor ausgekohlt wurde, verkippt. Dort bildet es oftmals kilometerlange Abraumhalden. Dieses Umsetzen des Gesteins wird durchaus treffend auch als Direktversturz bezeichnet. Hierbei steht der Dragline grundsätzlich oben auf dem Abraum, weil durch die große Bodenplatte, auf der er sich um 360 Grad drehen kann, das Erreichen eines hinreichend geringen Bodendrucks recht einfach realisiert werden kann. Prinzipbedingt gräbt er in aller Regel unterhalb seines Niveaus.

Zum Niederbringen der erforderlichen Sprenglöcher in den felsigen Abraum waren in der Ayrshire Mine zwei große Bucyrus-Erie 61-R Bohrgeräte mit einem Gewicht von jeweils etwa 110 Tonnen eingesetzt. Diese waren, damals durchaus noch nicht selbstverständlich, bereits mit Staubabscheidern ausgerüstet. Die Filter fingen den während des Bohrens zwangsläufig in großen Mengen anfallenden Staub auf, anstatt ihn einfach in die Luft zu blasen.

Zwei Marion 182-M Bagger mit einem Löffelinhalt von 12,2 m$^3$ verluden die Kohle, ein Marion 192-M Hochlöffelbagger mit einem extra-langen Ausleger setzte das zwischen den beiden Kohleflözen anstehende Gestein auf direktem Weg um.

Zum Transport der Kohle waren vier Unit Rig BD-180, 163 Tonnen tragende Bodenentleerer beschafft worden, die mit 1.200-PS-Dieselmotoren ausgerüstet waren. Es war dies übrigens die erste Flotte von Geräten dieses Typs, die in einem Tagebau zum Einsatz kam. Ein 182-M benötigte zwar die recht hoch erscheinende Zahl von 11 bis 13 Löffelfüllungen zum gehäuften Beladen eines derartigen Fahrzeuges mit Kohle, die Ladezeit betrug aber dennoch nur um die fünf Minuten.

Im Jahr 1979 kam noch ein weiteres Großgerät hinzu. Es handelte sich um einen der beiden überhaupt nur gebauten Bucyrus-Erie 3270-W Schreitbagger. Beide besaßen ein identisches Kübelvolumen von 135 m$^3$ bei einem Betriebsgewicht von knapp 8.000 Tonnen. Diese Draglines sind bis zum heutigen Tag die weltweit größten Schreitbagger geblieben, die gebaut worden sind – mit einer Ausnahme allerdings, denn weit übertroffen wurden sie natürlich von „Big Muskie", dem inzwischen leider bereits verschrotteten Bucyrus-Erie 4250-W Schreitbagger mit

Bucyrus-Erie 61-R, in der Mitte der siebziger Jahre das größte am Markt verfügbare Sprengloch-Bohrgerät, ausgerüstet mit hydraulischer Abstützung und einer auf Kundenwunsch installierten Staubabscheideanlage

Unit Rig BD-180 Bodenentleerer mit einer Tagfähigkeit von 180 short tons, dessen Sattelauflieger in schnellen Arbeitsspielen von einem Marion 182-M Löffelbagger mit Kohle gefüllt wird

einem Gewicht von 12.000 Tonnen und einem Kübelinhalt von 168 m³ bzw. 220 cu.yd.

Durch den Einsatz des neuen 3270-W konnte die Masse der nun pro Jahr in dem Tagebau gewinnbaren Kohle auf 4,5 Millionen Tonnen gesteigert werden. Nach einer viel zu kurzen produktiven Phase von kaum 20 Jahren musste die Mine bereits zu Beginn der neunziger Jahre vollständig stillgelegt werden, da die hier anstehende sehr schwefelhaltige Kohle aufgrund von verschärften gesetzlichen Bestimmungen nicht länger in Kraftwerken verfeuert werden durfte. Beide großen Schreitbagger wurden in der Hoffnung, sie an andere Tagebaubetreiber verkaufen zu können, zunächst einmal abgestellt und eingemottet. Einige Jahre später fiel der Marion Dragline dem Schneidbrenner zum Opfer. Der Bucyrus-Erie Dragline

Zwei der in der Ayrshire Mine eingesetzten Unit Rig BD-180 Bodenentleerer, die im Gewinnungsgraben darauf warten, beladen zu werden. Die Masten der beiden großen Bohrgeräte zum Herstellen der Sprenglöcher sind im Hintergrund auf dem Abraum zu erkennen

demgegenüber wartet auf dem Gelände des ehemaligen Tagebaus wohl noch immer, und hoffentlich nicht vergebens, auf einen neuen Einsatz.

Während des Besuches der Ayrshire Mine wurde ich zum Mittagessen in ein McDonald's Restaurant eingeladen. Es war dies das erste Mal, dass ich bewusst diesen Namen hörte, denn zu jener Zeit gab es vermutlich in ganz Deutschland, zumindest aber in der Gegend, in der ich wohnte, noch keine Restaurants dieser Kette. Und heute findet man sie buchstäblich in „jedem Dorf"!

Eine kleine Geschichte am Rande: Am Abend dieses Tages musste ich die Notfall-Ambulanz eines Krankenhauses in Evansville aufsuchen, weil ich plötzlich heftige Ohrenschmerzen bekam. Dort traf ich eine Krankenschwester aus Österreich, die Jahre zuvor in die USA ausgewandert war. Man konnte ihr anmerken, wie sehr sie sich freute, einige Sätze in deutscher Sprache mit mir reden zu können. Der für mich positive Nebeneffekt dieser Begegnung war die Tatsache, dass man mir anbot, die Nacht in einer abgetrennten Ecke des Raumes auf einer Krankentrage zu verbringen. Auf diese Art konnte ich die Kosten für eine Hotelübernachtung einsparen. Der einzige Nachteil war, dass meine Nacht am nächsten Morgen bereits um 5 Uhr zu Ende war, da ich um diese Uhrzeit geweckt wurde.

## Lynnville Mine (Peabody Coal Co.)

Die Lynnville Mine lag ebenfalls in der Umgebung von Evansville. So stellte es am nächsten Morgen kein allzu großes Problem für mich dar, zur zuvor vereinbarten Zeit dort zu sein.

Eröffnet worden war sie bereits 1952, später dann vergrößert bis zu einer Kohle-Produktionsrate von 5 Millionen short tons pro Jahr. Die Kohle, die in Abhängigkeit von der Topografie des Geländes unter einer Abraumschicht von bis zu 35 m lag, wurde zur gleichen Zeit in mehreren voneinander getrennten Abbaubereichen gewonnen.

Im Gegensatz zu der tags zuvor von mir besichtigten Mine hatte man hier zum Abbau des unbrauchbaren, das Kohleflöz überlagernden Gesteins auf „Stripping Shovels" als Haupt-Abbaugeräte gesetzt. Bei diesen handelt es sich um nichts anderes als um ins Gigantische vergrößerte Löffelbagger. Wie wir weiter oben bereits gesehen haben, ist die prinzipielle Aufgabe eines derartigen Großbaggers, nämlich das streifenweise Freilegen der zu gewinnenden Kohle, identisch mit derjenigen eines Schreitbaggers. Dennoch besteht hinsichtlich der Arbeitsweise ein fundamentaler Unterschied zu dem Schreitbagger. Denn der Löffelbagger besitzt ein Raupenfahrwerk mit einer im Vergleich zu der Bodenplatte der zuvor genannten Gerätegattung deutlich kleineren Auflagefläche. Aus diesem konstruktiven Unterschied resultiert ein relativ hoher spezifischer Bodendruck. Aus diesem Grund muss die „Stripping Shovel" auf dem wesentlich tragfähigeren Kohleflöz, also tief unten im Gewinnungsgraben stehen. Von dort aus füllt sie ihren Löffel, indem sie diesen durch die Abraumschicht nach oben zieht.

Zunächst konnte ich in der von mir besuchten Mine eine Marion 5761 „Stripping Shovel" im Einsatz beobachten, genauer gesagt sogar die erste, 1959 in Betrieb genommene Maschine dieser Baureihe. Dieser Bagger, der den Namen „Stripmaster" erhalten hatte, besaß einen Löffel mit einem Fassungsvermögen von 50 m$^3$, sein Gewicht lag bei 3.550 Tonnen. Ausgelegt war er für eine monatliche

Marion 5761 „Stripmaster" Großlöffelbagger, zu jener Zeit noch in der Originallackierung zu bewundern, beim Auskippen einer Löffelfüllung vorgesprengten Abraummaterials

Förderleistung von 1,3 Millionen Kubikmeter bei einer Höhe der Abraumschicht von 24 m und einer Breite des freigelegten Kohleflözes von 26 m. Dessen Dicke lag nur bei bescheidenen 1,2 m.

Von dem Modell 5761 wurden über die Jahre insgesamt 16 Exemplare gebaut, andere Quellen sprechen sogar von 19 Baggern, und hinzurechnen kann man weiterhin noch fünf weitere Großbagger des äußerlich sehr ähnlichen Vorgängermodells 5760. Wie dem auch sei, die in jedem Fall für einen Bagger dieser Größe unerreicht hohe Zahl an eingesetzten Geräten macht diesen Baggertyp aus meiner Sicht

eingebauten Kniehebel-Vorschubes für den Löffel nicht per Zahnstange, sondern über ein Seilsystem gelöst worden war. Das Prinzip des Kniehebelvorschubs war eine wichtige Erfindung der Firma Marion aus den vierziger Jahren, die in der zweiten Hälfte der sechziger Jahre sogar von Bucyrus-Erie für die beiden letzten von dieser Firma gebauten Großlöffelbagger vom Typ 1950-B übernommen wurde. Denn durch den Einbau dieser Vorrichtung war es möglich, den schweren Vorschubantrieb nach rückwärts bis in die Nähe der Drehachse des Baggeroberwagens zu ver-

Rückansicht der Marion 5900 „Stripping Shovel" mit einem als passendem Größenvergleich vor dem Raupenfahrwerk stehenden Fahrzeug; bei diesem Gerät erfolgt der Löffelvorschub mit Hilfe von Seilen, weitere Seile sorgen für die Kraftübertragung aus dem Maschinenhaus nach oben

ohne jeden Zweifel zu **der** „Stripping Shovel" schlechthin. Dies gilt auch und gerade im Vergleich zu den wenigen, noch ungleich mächtigeren Großlöffelbaggern, die im gleichen Zeitraum gebaut worden sind.

An einer anderen Stelle innerhalb der Mine war eine noch wesentlich größere „Stripping Shovel" im Einsatz. Es handelte sich um die erste von lediglich zwei gebauten Marion 5900, in Dienst gestellt 1969. Mit dem 80 m³ fassenden Löffel war dieses Gerät in der Lage, bei einer Abraumhöhe von im Schnitt 30 m 2,3 Millionen Kubikmeter im Monat seitlich auf Halde zu schütten. Freigelegt wurden zwei 0,9 m und 1,2 m dicke Kohlelagen, die durch 2 bis 3 m felsiges Gestein voneinander getrennt waren. Das Gewicht dieses wahren Riesenbaggers betrug 6.400 Tonnen.

Es war für Marion „Stripping Shovels" recht ungewöhnlich, dass der Antrieb des in diesem Gerät

Der Vorschubmechanismus eines Marion Großlöffelbaggers, hier aus der Vogelperspektive von der Auslegerspitze aus gesehen; besonders gut zu erkennen ist das Gelenk, das Löffelstiel, Vorschubstange und die schwenkbare Abstützung miteinander verbindet

legen. Auf diese Weise ließen sich kürzere Arbeitszyklen und/oder ein größerer Löffelinhalt erzielen. Wenn man so will im Gegenzug konnte Marion daraufhin in einige wenige seiner „Stripping Shovels" den ursprünglich von der Konkurrenzfirma entwickelten Seilvorschub einbauen.

Ein sehr ähnliches Vorschubsystem wurde übrigens, dies nur kurz zur Information, auch in einige Marion-Kohlebagger eingebaut. In diesem Fall sollte es, ermöglicht durch den systembedingt zumindest in einem gewissen Rahmen gegebenen waagerechten Löffelvorschub, der Verbesserung der Grabeigenschaften bei dem Abbau des Kohleflözes dienen.

Um das Bohren der Sprenglöcher in der aus Fels bestehenden Schicht zwischen den Flözen möglichst wirtschaftlich zu gestalten, setzte man in der Lynnville Mine ein selbstkonstruiertes Bohrgerät ein, das zwei Masten besaß und so die zu erzielende Bohrleistung fast verdoppelte.

Die Kohle wurde mittels mehrerer Bagger mit 7,6 m³ bis 11,5 m³ fassenden Löffeln in 109 Tonnen tragende Dart-Bodenentleerer verladen. Zu jener Zeit waren die von Dart konstruierten und gebauten 90- und 109-Tonnen-Kohletransporter in großen Stückzahlen anzutreffen, nicht nur in Minen der Peabody Coal.

Vor wenigen Jahren wurde auch dieser Bergwerksbetrieb vollständig stillgelegt. Ob die beiden großen Löffelbagger noch existieren, ist mir nicht bekannt. Hoffnungen, diese in einer anderen Mine nochmals im Einsatz sehen zu können, gibt es jedenfalls nicht.

Anschließend, wie weiter oben bereits erwähnt, reiste ich mit dem Greyhound Bus über St. Louis, Oklahoma City, Dallas und Phoenix nach Tucson/Arizona, dem Zentrum des Kupferbergbaus im Süden der USA. Die Entfernung betrug mehr als 3.000 km, und ich war insgesamt mehr als 48 Stunden unterwegs. Aber trotz ihrer Länge wurde mir die Fahrt nie langweilig, weil es immer von neuem interessant und abwechslungsreich war, sich mit den in der Nähe sitzenden Mitreisenden zu unterhalten. Eine übliche Frage, die meistens bereits zu Beginn eines Gespräches gestellt wurde, war: „Aus welchem Teil von Deutschland kommst du?" Mehr allerdings schienen die meisten nicht über Deutschland zu wissen.

Auch das gab es: relativ kleiner Marion Hochlöffelbagger, zum Lösen und Verladen von Kohle mit einem speziellen Vorschubsystem für den Löffel ausgerüstet, das dem bei den großen Marion „Stripping Shovels" verwendeten zum Verwechseln ähnlich war; der im Hintergrund erkennbare Schreitbagger hat das Kohleflöz freigelegt

Blick aus einer Höhe von mehr als 40 m von der obersten Plattform des A-Bocks der 5900 „Stripping Shovel" herunter in den Gewinnungsgraben, in dem ein BE 150-B Löffelbagger die Bodenentleerer mit Kohle aus dem unteren Flöz füllt; rechts auf dem Zwischenmittel steht das Zweimast-Bohrgerät

**Twin Buttes Mine** (Anamax, zuvor Anaconda)

Um das unter einer gewaltigen Abraumschicht von 140 m verborgen liegende ergiebige Kupfererzlager aufzuschließen, mussten zunächst nicht weniger als 180 Millionen Kubikmeter Material fortgeräumt werden. Bei dieser Aktion dürfte es sich mit hoher Wahrscheinlichkeit um die größte Massenbewegung im Zusammenhang mit einem Bergbauprojekt gehandelt haben, die durchgeführt werden musste, bevor die eigentliche Erzförderung überhaupt beginnen konnte. Gleichzeitig könnte man diese gigantische Erdbaustelle aber auch, ohne zu übertreiben, als eines der größten Erdbewegungsprojekte überhaupt bezeichnen, das mit Hilfe von Scrapern als den Haupt-Erdbewegungsgeräten durchgeführt worden ist. Ermöglicht wurde der Scrapereinsatz unter anderem auch durch die zum Schürfen ideale Beschaffenheit des Abraummaterials.

Die eigentlichen Erdarbeiten begannen im Jahr 1966. Zwei Jahre später, zum Höhepunkt der Aufschlussarbeiten, waren in Twin Buttes 52 Scraper im Einsatz. Bei den allermeisten von diesen handelte es sich um Caterpillar 666 Doppelmotorscraper mit

Caterpillar 660 Scraper zu Beginn des Schürfvorgangs. Die zu einer Einheit verbundenen D9G Schubraupen des gleichen Herstellers fahren ihre Motoren synchron hoch

Deutlich zu erkennen ist das Kugelgelenk, über das die beiden Caterpillar D9G Raupen miteinander verbunden sind; die vordere Raupe, im Gegensatz zu der hinteren, fährt bereits in dem durch den Scraper beim Schürfen ausgehobenen Graben

einer Nutzlast von bis zu 73 Tonnen und einer Gesamt-Motorleistung von 900 PS. Twin Buttes war nach meinem Kenntnisstand der erste Tagebaubetrieb, wahrscheinlich aber sogar die erste Erdbaustelle überhaupt, in dem große Schürfzüge dieses Typs zum Einsatz gekommen sind. Während des Ladevorgangs unterstützt wurden die Scraper durch schwere Caterpillar DD9G Schubeinheiten, von denen im Bereich der weitläufigen Gewinnungsbereiche gleich 16 eingesetzt waren. Bei der DD9G (Dual D9G) handelte es sich prinzipiell um zwei einzelne, wenn auch leicht modifizierte D9 Raupen mit je 385 PS Motorleistung, die gelenkig zusammengekuppelt waren und die absolut synchron arbeiteten. Verbunden waren sie über ein entsprechend dimensioniertes Kugelgelenk und nur ein Fahrer war für die Bedienung einer demzufolge aus zwei Raupen bestehenden Einheit erforderlich. Die für das Schürfen erforderliche Zeit betrug nur wenig mehr als eine Minute, und so waren tägliche Förderleistungen von bis zu 245.000 Tonnen möglich. Erst rund drei Jahre nach Beginn der Aufschlussarbeiten konnte endlich das erste Erz gefördert werden.

Zur Zeit meines Besuches in der Mine „pushten" die dort immer noch im Einsatz befindlichen DD9G-Schubraupenkombinationen eine zwar reduzierte, aber immerhin noch 35 bis 40 Einheiten umfassende Flotte von einmotorigen Cat 660 Scrapern; einige wenige 666 waren ebenfalls noch vorhanden. Bei den Schubraupen verzichtete man inzwischen auf den ursprünglich standardmäßig vor dem Kühler des hinteren Traktors angebrachten hydraulischen Ausgleichszylinder.

Die Caterpillar-Scraper der Typen 660/666 waren zweifellos, zusammen mit dem vom Kübelinhalt her nur unwesentlich kleineren Konkurrenzgerät Euclid SS-40, die größten und damit auch leistungsstärksten Scraper mit nur einem Schürfkübel und mit eigenem Antrieb, die je in nennenswerten Stückzahlen gebaut worden sind. Lediglich einige LeTourneau-Scraperzüge und wenige weitere Scraper anderer Hersteller, diese in aller Regel ebenfalls zusammengesetzt aus zwei oder gar drei fest miteinander verbundenen Kübeln, wiesen eine vergleichbare Transportkapazität auf oder waren im Einzelfall sogar noch größer.

Beide Scraper Baumuster, den 666 ebenso wie den SS-40, konnte ich 1984 während eines weiteren Besuches in den USA in Südkalifornien fotografieren. Sie gehörten zu einer zwölf Einheiten umfassenden Flotte, die bei San Diego Hügel einebnete, um so neues Bauland zu gewinnen. Die Geräte waren zwar nicht in Betrieb, aber ihre Größe war vielleicht gerade aus diesem Grund recht gut zu ermessen.

Außerdem ist, gewissermaßen als Kontrast, sicherlich auch der Hinweis auf einen, wenn auch längst außer Dienst gestellten und aufgrund seines

Zwei Caterpillar 660 Scraper werden zur gleichen Zeit von je einer Cat DD9G schubbeladen; oberhalb des 660 Scrapers im Vordergrund ist einer der wenigen seinerzeit noch im Tagebau eingesetzten Cat 666 Doppelmotorscraper sichtbar

Caterpillar 666 Doppelmotor-Dreiachsscraper, dessen Reifengröße durch den Größenvergleich gut zur Geltung kommt; vor diesem abgestellt kann man den Schürfkübel eines Euclid SS-40 Scraper erkennen

Einmotorige Euclid SS-40 Dreiachsscraper, vom Volumen ihrer Kübel her betrachtet nicht viel kleiner als der Caterpillar 666. Lackiert sind sie in dem für Euclid typischen grünen Farbton, der später über viele Jahre auch von Terex beibehalten wurde

Alters bereits etwas mitgenommen wirkenden Caterpillar Pfluglader („elevating grader") des Typs No. 42 von Interesse. Diesen entdeckte ich am gleichen Tag eher zufällig auf dem Lagerplatz einer Baufirma in Kalifornien. Er stammte aus der ersten Hälfte der dreißiger Jahre. Derartige Bandlader waren damals sehr gebräuchlich für die Massenbewegung von nicht zu harten Böden. Beim Laden wurde das abzufördernde Erdreich durch eine starr am Gerät angebrachte, nach innen gewölbte Pflugscheibe mit einem Durchmesser von 71 cm gelöst und auf das Verladeband umgelenkt, das seinerseits von einem Benzinmotor mit einer Leistung von 40 PS angetrieben wurde. Auch ein Antrieb über die Zapfwelle des Zugtraktors, empfohlen wurde von Caterpillar hierfür ein RD7 Raupentraktor mit 70 PS, war als Option möglich.

Weiterhin stand in dem Hof ein Caterpillar Anhängegrader des Typs No. 44, ebenfalls gebaut in der ersten Hälfte der dreißiger Jahre. Als Besonderheit sei vermerkt, dass das Schild dieses Graders nicht mehr per Muskelkraft vom Fahrerstand aus

Caterpillar Pfluglader, der noch auf Speichenrädern aus Stahl rollt; immerhin erfolgt der Antrieb des Fördergurtes nicht mehr über die bloße Traktion der Hinterräder, sondern bereits per Motorkraft

manuell betätigt werden musste. Die Zustellgetriebe, die die unterschiedlichen Steuerbewegungen für das Schild zu übertragen hatten, wurden vielmehr mittels einer langen, gelenkigen Welle durch die Zapfwelle der Zugraupe angetrieben. Die ursprünglich einmal angebauten Stahlräder des Graders sind allerdings irgendwann gegen eine doch wesentlich zweckmäßigere Gummibereifung ausgetauscht worden.

Im Tagebau Twin Buttes entleerten die Scraper das von ihnen gewonnene Material in Trichter. Der Weitertransport des Abraums heraus aus der mit zunehmendem Arbeitsfortschritt zwangsläufig immer tiefer werdenden Grube erfolgte von Beginn der Arbeiten an über einen Fördergurt, der eine ursprüngliche Länge von 4 km aufwies. Dies war zur damaligen Zeit für einen Tagebaubetrieb durchaus ungewöhn-

Caterpillar Grader ohne eigenen Antrieb, der aus diesem Grund mittels Zugstange von einer Raupe gezogen werden musste; im Hintergrund ragt der Beladeausleger des Pfugladers in den Himmel

lich. Später wurde der Gurt in mehreren Schritten und in beide Richtungen bis zu einer Endlänge von über 12 km verlängert. Das Verteilen des Materials auf der Kippe schließlich erfolgte durch eine Flotte von Cat 660 Traktoren, auf die 91 Tonnen tragende Athey-Bodenentleerer aufgesattelt waren. In diese wurde das Fördergut über ihrerseits als Puffer zwischengeschaltete und durch die Bandanlage beschickte Zwischensilos verladen.

Für die Gewinnung des Kupfererzes und anderer, für den Scraperbetrieb nicht geeigneter Materialien waren zum Zeitpunkt meines Besuches dort acht P&H 2100BL und Marion 191-M mit einem Löffelinhalt von je 11,5 m³ eingesetzt, die erste von diesen bereits seit 1967. Die Bagger beluden eine 60 Fahrzeuge umfassende Flotte von Unit Rig M-100 (91 Tonnen) und Wabco 120B (109 Tonnen) Muldenkippern.

In den ersten Jahren des Betriebes der Mine waren, allerdings nur für kurze Zeit, auch einige dieselelektrisch angetriebene Caterpillar 779 Muldenkipper, die eine Nutzlast von 68 Tonnen hatten, eingesetzt. Diese gehörten zu den vergleichsweise wenigen Exemplaren dieses Baumusters – es waren lediglich um die 40 Fahrzeuge – die überhaupt in den regulären Einsatz gekommen sind. Denn bereits im Jahr 1969 sah sich Caterpillar aufgrund von schwerwiegenden technischen Problemen mit dem 779 genötigt, die Herstellung und den Verkauf seiner Baureihe von Muldenkippern mit elektrischem Antrieb vollständig zu stoppen. Neben dem bereits angesprochenen 779 setzte sich diese Reihe weiterhin aus dem nur als Prototyp existierenden 783 (91 Tonnen Nutzlast, 3-Achs-Ausführung mit Antrieb ausschließlich der mittleren Achse, Seitenkipper) und dem 786 Kohletransporter (siehe weiter unten bei der Captain Mine) zusammen.

Schließlich konnte ich noch einen Dart D 600 11,5 m³ Radlader beobachten, der einen Wabco 120B mit Abraummaterial belud.

Mein Besuch in dieser Mine war leider nur recht kurz, da der mich begleitende Ingenieur kurzfristig für eine andere, aus Sicht der Firma zweifellos wichtigere Aufgabe benötigt wurde.

Einer der nur in sehr wenigen Exemplaren zum Einsatz gekommenen Caterpillar 779 Muldenkipper, hier zu sehen während der Aufschlussarbeiten der Twin Buttes Kupfermine und beladen von einem Marion 191-M Löffelbagger

Dart D 600 Radlader mit dem unverwechselbaren, weit seitlich angeordneten Führerstand, der einen Wabco 120B Muldenkipper belädt; im Hintergrund ist die Abraum-Bandanlage des Tagebaus zu erkennen

Wabco 3200 Muldenkipper der ersten Generation während einer Arbeitspause; er wurde dreiachsig ausgelegt, um trotz seiner nur relativ kleinen Reifen volle 200 short tons an Nutzlast transportieren zu können

## Duval-Sierrita (Duval)

Erst seit 1970 in vollem Betrieb und daher mit modernsten Geräten ausgerüstet, handelte es sich bei diesem Tagebau um einen eindrucksvollen Komplex. Die zusammengefasste Erz- und Abraum-Förderkapazität der Mine lag bei nicht weniger als 250.000 short tons pro Tag. Dieses nicht zu unterschätzende Fördervolumen wurde bewältigt von zehn P&H 2100 und 2100BL 11, 5 m³ Löffelbaggern, die eine Flotte von 23 Wabco 150B (136 Tonnen), 22 damals neuen Wabco 170C (154 Tonnen) Muldenkippern sowie 15 Dart Muldenkippern (109 Tonnen) beluden.

Zum Zeitpunkt meiner Besichtigung nicht in Betrieb war ein dreiachsiger Wabco 3200 Muldenkipper mit einer Tragkraft von 181 Tonnen und einem 2.000 PS starken Dieselmotor, der sich in diesem Tagebau zu Testzwecken im Einsatz befand. Der 3200 war 1971 erstmals als Prototyp vorgestellt worden.

## Pima (Cyprus)

Dieser Tagebau war ausgelegt für eine tägliche Produktion von 150.000 short tons.

Eine Besichtigung der Mine war zu meiner großen Enttäuschung nicht möglich, da so kurzfristig kein Mitarbeiter des Tagebaus als Begleitung für mich zur Verfügung stand. Dies war insbesondere deshalb sehr schade, weil mir bekannt war, dass dort zu jener Zeit der Prototyp und gleichzeitig auch das einzige überhaupt gebaute Exemplar des Vehicle Constructors (Vcon) 3006 Muldenkippers mit einer Nutzlast von 227 Tonnen und mit einem 3.000 PS leistenden Motor als Antrieb zu Testzwecken im Einsatz war. Seine hervorstechendste Eigenschaft war, abgesehen von seiner Größe und seinem ausgesprochen ungewöhnlichen Aussehen, dass er sein Gesamtgewicht von 385 Tonnen in jeder Geländesituation zu gleichen Teilen auf seine paarweise angeordneten acht Räder verteilen konnte, von denen sechs elektrisch angetrieben waren. Diese seinerzeit erstmalig verwirklichte Eigenschaft wurde ermöglicht durch den im vorderen Bereich in der vertikalen Richtung beweglich angeordneten Rahmen. Nach Beendigung der vorgesehenen Versuche wurde dieses Fahrzeug dann wieder auseinandergebaut, in das Herstellerwerk zurücktransportiert und dort später verschrottet.

Die Firma Vcon, die von dem Baggerhersteller Marion zwecks Abrundung seines Fertigungsprogramms 1973 übernommen worden war, war weiterhin auch für ihre sehr großen Raddozer bekannt.

Dies ist er, der bei weitem größte, gleichzeitig aber auch ungewöhnlichste Muldenkipper seiner Epoche, der Vcon 3006 Muldenkipper mit acht Rädern und vier Halbachsen, zwischen denen das Dieselaggregat angeordnet ist

Der Vcon 3006, hier aus rückwärtiger Ansicht; aus diesem Blickwinkel sieht er, was die Anordnung der Räder und die Radaufhängung betrifft, dem etwa 25 Jahre jüngeren Liebherr T-272 verblüffend ähnlich

Diese besaßen Dieselmotoren mit einer Leistung bis zu 2.600 PS und ihr Gewicht betrug bis zu 186 Tonnen. Einzelne Geräte wurden für Rekultivierungsarbeiten im Kohletagebau, aber auch zum Schubbeladen von großen Scrapern eingesetzt.

## Mission (Asarco)

Eingesetzt in diesem Tagebau von mittlerer Größe waren sechs Bucyrus-Erie 190B (6,1 m³) und P&H 2100BL (11,5 m³) Löffelbagger. Als Transportfahrzeuge standen 45 Dart 2661 (77 Tonnen) zur Verfügung. Ein großer, für eine Nutzlast von 136 Tonnen ausgelegter Terex 33-15 befand sich dort im Probeeinsatz.

Bucyrus-Erie 190B Löffelbagger mit dem typischen zweigeteilten Ausleger, der einen Dart 2661 Muldenkipper mit Abraum oder mit erzhaltigem Gestein belädt

Von einem Aussichtspunkt am Tagebaurand aus war ein eindrucksvoller Panoramablick auf die direkt anschließende, wesentlich größere Pima Mine möglich. Deren Geräteausstattung setzte sich, was die Bagger betraf, aus vier Marion 191-M (11,5 m$^3$), vier Marion 151-M (6,1 m$^3$) und einem P&H 2300 (15,3 m$^3$) zusammen. Neben dem Vcon 3006 sorgten ungefähr 80 Muldenkipper von Unit Rig, Wabco und Euclid zwischen 90 Tonnen und 154 Tonnen Nutzlast für den Abtransport des gebaggerten Materials zur Abraumkippe oder zur Weiterverarbeitung.

Der nächste Abstecher führte mich bis nach Kalifornien. Hierüber, ebenso wie über eine Vielzahl von weiteren Minenbesuchen, wird in der nächsten Ausgabe des Jahrbuches zu berichten sein.

P&H 2100BL Bagger, ebenfalls mit einem Dart 2661; sofern es die Platzverhältnisse zulassen, werden Muldenkipper im Tagebau wechselweise zu beiden Seiten des Baggers beladen, um so die Rangierzeiten einzusparen

# Raupentransporter von Marion

## Ohne „Crawler" keine Mondlandung

**von Heinz-Herbert Cohrs**

Zum 40-jährigen Jubiläum: Der amerikanische Baggerhersteller Marion baute die gewaltigsten Schwertransporter der Welt: Ohne „Crawler" keine Mondlandung !

Was könnte Baumaschinen und Raumfahrt miteinander verbinden? Viel. Denn zwei der (früher) bedeutendsten Baumaschinenhersteller der Welt trugen maßgeblich zum Erfolg des Apollo-Mondflugprogrammes und der Mondlandung bei. Ja, eigentlich ermöglichte erst die damals entwickelte Technik die Starts der mächtigen Saturn V-Raketen. Auch heute noch vereinfacht diese „Baumaschinen-Technik" die zahlreichen Flüge der Space Shuttles und trägt damit zu vielen Forschungsprojekten, Satellitenstarts und dem Bau der internationalen Raumstation ISS bei.

Gemeint sind die beiden riesigen Raupentransporter, „Crawler" genannt, die die etliche Tausend Tonnen schweren Raketen und Space Shuttles zu ihren Startplätzen bringen. „Das ist doch nichts Besonderes, die Transporter gehören doch schon fast zum alten Eisen", könnte jemand einwenden.

Weit gefehlt, denn die beiden „Crawler" haben es mehr als in sich, sind sie doch bis heute mit Abstand die weltweit größten Schwertransporter. Auch wenn Modultransporter auf ihren zahllosen Rädern bereits größere Lasten transportierten, gelten die „Crawler" nach wie vor als unübertroffene Transportfahrzeuge – alles an ihnen ist Superlativ, unübertroffen, faszinierend.

Eines der erstaunlichsten und faszinierensten Fahrzeuge des 20. Jahrhunderts stammt vom legendären amerikanischen Baggerhersteller Marion – und ist mit Baumaschinen und deren Technik eng verwandt. Ohne „Crawler", wie die riesigen Raupentransporter genannt werden, wäre die Mondlandung gefährdet gewesen und bislang keine einzige Space Shutte ins All geflogen

Links: Hinter der Technik der beiden in den sechziger Jahren von Marion-Baggerkonstrukteuren entworfenen Raupentransportern verbergen sich wahre technische Meisterleistungen. Die einmaligen Transportmonster wurden so gut konstruiert und gebaut, daß sie bis heute – über mehr als ein Drittel Jahrhundert – zuverlässig die Weltraumfahrzeuge der NASA zu ihren Startplätzen bringen

„Eines der größten, langsamsten, stärksten, seltsamsten und lautesten Fahrzeuge, die jemals von Menschen erbaut wurden" – so trefflich wurden die „Crawler" zur Zeit des Apollo-Mondprogrammes von einer amerikanischen Zeitung beschrieben. Die hellgraue „Kiste" ist der auf dem „Crawler" lagernde Starttisch, das große Gebäude im Hintergrund die Montagehalle der Saturn-Raketen und Space Shuttles. Nicht übersehen werden sollte der „winzige" Einweiser unten im Schatten vor dem Transporter

„Der langsamste Teil der Reise": Menschen konnten zum Mond fliegen; mit fast 40-facher Schallgeschwindigkeit raste ihre Kapsel durch's All. Doch davor lag die fast unendlich langsam zu befahrende 5,6-km-Strecke zum Startplatz, die ein „Crawler" mit 1,2 bis höchstens 1,6 km/h entlang schlich – das ist weniger als ein Drittel Schrittgeschwindigkeit. In der Zeit, die der „Crawler" zum Startplatz benötigte, wäre ein Mensch die Strecke also mindestens dreimal gegangen…

Die acht Raupenfahrwerke jedes „Crawler", zu vier hydraulisch lenkbaren Paaren zusammengefaßt, bilden eine äußerst robuste Fahrbasis: Der Transporter bringt so gewissermaßen seine eigenen mobilen Schienen samt Schwellen mit, was trotz der unvorstellbaren Last den Bodendruck bestens verteilt. Doch solch eine solide Basis kostet viel Kraft, denn allein die Kettenglieder wiegen zusammen 455 t – diese Masse will während der Fahrt bewegt und gelenkt werden

Das Leergewicht eines „Crawlers" liegt bei fast 2500 t. Hinzu kamen als Rekordlasten annähernd 2800 t Startgewicht jeder turmhohen Saturn V-Rakete und, nicht zu vergessen, der 45 m lange und ebenso breite Starttisch sowie der 140 m hohe Startturm mit zusammen weiteren 3500 t Gewicht. Da bewegten sich also fast 9000 t Gesamtgewicht auf vier doppelten Raupenfahrwerken mit einer „Höchstgeschwindigkeit" von 1,6 km/h im beladenen Zustand über fast 50 m breite Pisten, die eigens für den „Crawler" mit einem gigantischen Aufwand quer durch Sumpfgelände angelegt worden sind.

Aufgrund ihrer Konstruktion und Leistungen haben die „Crawler" inzwischen Ruhm erlangt: Am 3. Februar 1977 wurden sie von der American Society of Mechanical Engineers (ASME) zum nationalen historischen Denkmal ernannt (National Historic Landmark). Damit kommt den beiden „Crawler"-Transportern in der Geschichte der Ingenieurbaukunst bereits eine ähnliche Rolle zu wie dem Eiffelturm oder den Brücken, Schiffen und Konstruktionen Brunels.

Die Rolle der inzwischen betagten und nach wie vor fleißigen „Crawler" für das amerikanische Raumfahrtprogramm wurde längst gebührend gewürdigt: 1977 wurden sie von der American Society of Mechanical Engineers (ASME) zum nationalen historischen Denkmal ernannt (National Historic Landmark). Damit werden sie wohl – nicht nur im Modell – für die Nachwelt erhalten bleiben

Auch heute noch, 39 Jahre nach der Inbetriebnahme der „Crawler", kommt den Transportriesen eine große Bedeutung zu, sind sie doch für die Starts der Space Shuttles unverzichtbare Helfer. Dazu wurden die drei vorhandenen Startplattformen (MLP = Mobile Launch Platforms) des Apollo-Programms für die Space Shuttles erheblich modifiziert. Nach wie vor buckeln sich die Raupentransporter die rund 5500 t wiegenden Raumfahrzeuge samt Zusatztanks

Der Starttisch, mit 7,6 m so hoch wie ein zweistöckiges Gebäude, ist 49 m lang und 41 m breit und wiegt ohne Space Shuttle 4190 t. Mit einem unbetankten Space Shuttle darauf erhöht sich das Transportgewicht für den „Crawler" auf 5450 t

Das Fahren, besonders aber das zentimetergenaue Rangieren und Einfahren des Raupentransporters verlangt höchstes Können und viel Erfahrung. Während des Raketen- und Space Shuttle-Transportes sorgt eine Besatzung von 30 Personen, die meisten davon am Boden, mit Sprechfunk dafür, daß die samt Shuttle fast 8000 t Gesamtgewicht auf weniger als 5 cm genau an den Startplatz fahren

Die „Crawler" transportieren keineswegs nur Saturn V-Raketen und Space Shuttles. Hier brachte ein „Crawler" den Serviceturm – das Gegenstück des 140 m hohen Startturmes, der sonst mit der Rakete auf dem Transporter steht – zum Startplatz. Höchste Aufmerksamkeit für die „Crawler"-Mannschaft: Auf der um 5 Grad ansteigenden Rampe hätte sich der kleinste Fehler beim Niveauausgleich schlimm ausgewirkt…

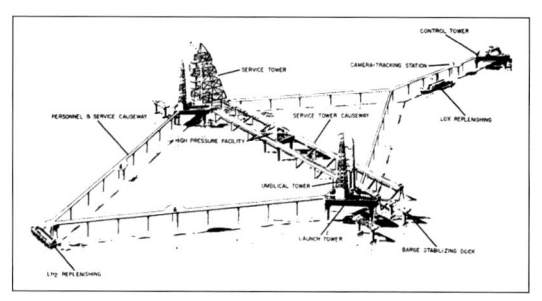

Wo sollten die Mondraketen starten? Sogar künstliche Startinseln fernab der Küste, bis zu 169 km vor Florida, spielten 1961 in den ersten Planungen für das Apollo-Programm eine Rolle. Doch das Handling von fast 3000 t wiegenden, 120 m hohen Raketen „draußen" auf hoher See erschien zu gewagt

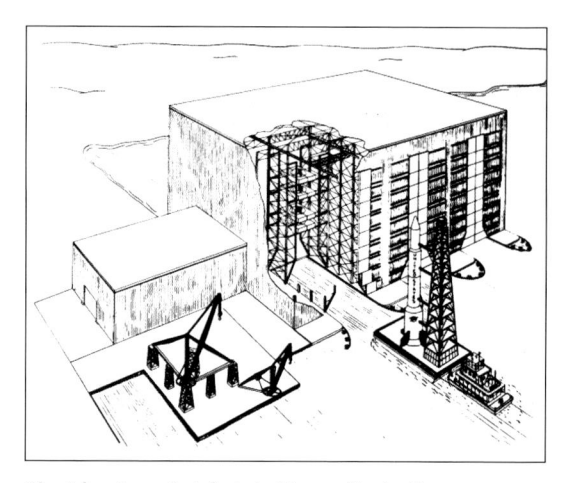

Die sicherste und einfachste Lösung für das Transportproblem schienen noch 1962 Kanäle und Pontons zu sein. Insgesamt sollten am Raumflughafen Cape Canaveral 13 km Kanäle von 61 m Breite und 4,6 m Tiefe ausgebaggert werden. Von R. G. LeTourneau entworfene Stahlbeine mit Zahnstangenhub sollten die Pontons am Startplatz aus dem Wasser heben

Um die vormontierten Raketen zum Startplatz bringen zu können, wurden außergewöhnliche Transportmittel gesucht. So stellte man sich bei der Martin Marietta Corporation 1961 den Raketentransport auf doppelten, sehr breit auseinander liegenden Schienen vor

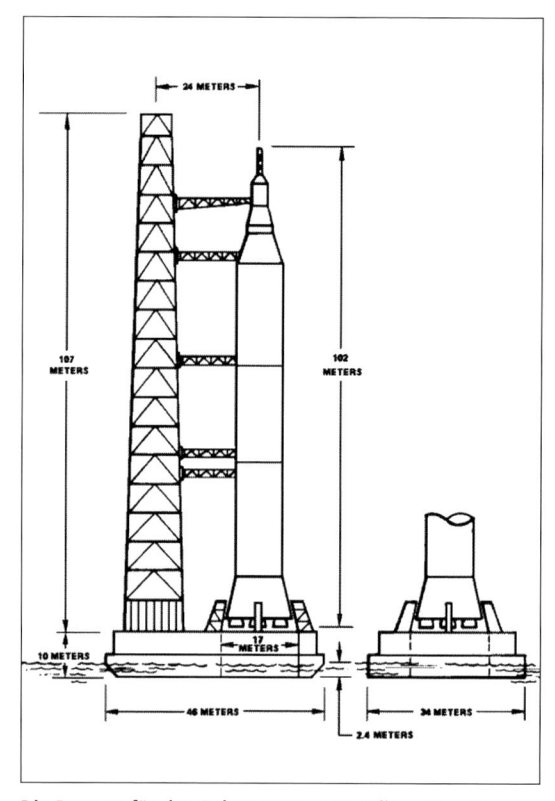

Die Pontons für den Raketentransport sollten 34 x 46 m groß sein (im Bild), später wurden aber zur Erhöhung der Kippstabilität bei aufkommendem Sturm Pontongrößen von 55 x 41 m geplant. Dafür waren aber die vorgesehenen Kanäle viel zu klein. Der Fortlauf des Apollo-Programmes schien gefährdet!

Zwischen der Montagehalle der Raketen und Space Shuttels und den Startplätzen liegen beträchtliche Distanzen. Nur mit den beiden „Crawler" konnte die äußerst problematische Transportfrage vernünftig gelöst werden. Daß dabei die wohl seltsamsten Schwertransporter des 20. Jahrhunderts entstanden, war eigentlich nur ein Zufall, einem aufmerksamen Baggerkonstrukteur von Bucyrus-Erie zu verdanken!

auf und bringen sie zu den Startrampen. Auf diese Weise legten die „Crawler" über die Jahre – trotz Kriechgeschwindigkeit – eine beachtliche Gesamtstrecke von nun schon mehr als 4200 km zurück.

## Mondlandung gefährdet

Wesentlich wichtiger als für das Space-Shuttle-Programm waren die beiden „Crawler" für das in der Planungs- und Vorbereitungsphase befindliche Apollo-Programm. Der Transport der fertig montierten, mehrere Tausend Tonnen schweren Saturn-Raketen von der Montagehalle zum Startplatz stellte die NASA in den frühen sechziger Jahren vor ungeheure Probleme und sogar das gesamte Mondprogramm in Frage.

Dabei war zunächst auch der Standort in Florida keinesfalls geklärt. Würde die Saturn V die „Standardrakete" des amerikanischen Raumfahrtprogrammes werden? Wieviele Starts pro Jahr würde es geben? Inwiefern würden Lärm, Abgase und Vibrationen der Starts weit von der Zivilisation entfernte Startplätze erfordern? Erwogen wurden Raumflughäfen in Georgia, an der Golf-Küste und in Florida an der Atlantik-Küste.

Wegen des befürchteten Kraches beim Raketenstart wurde schließlich Cape Canaveral in Florida gewählt. Schließlich erzeugte eine Saturn V beim Start in 300 m Entfernung einen Trommelfell-zerstörenden Lärm von 205 dB(A) und in 3 km Entfernung noch von 140 dB(A), also weit über der Schmerzgrenze. Bei ersten Triebwerkstests zersprangen aufgrund ungünstiger Windlage in 20 km Entfernung Fensterscheiben...

Ein weiteres großes Problem stellte sich: Wie sollten 120 m hohe, fast 3000 t wiegende Raketen, die präzise senkrecht stehen müssen, über sumpfiges Gelände an die rund 6 km entfernten Startrampen gebracht werden? Weil die Raketen aus Sicherheits- und Zeitgründen – denken wir an den kalten Krieg und das Wettrennen zum Mond – nicht unmittelbar neben oder auf der Startrampe montiert werden konnten, mußte unbedingt eine Lösung für das Transportproblem gefunden werden.

Bei der Transportfrage boten sich nur wenige Alternativen. Sehr breitspurige Schienen, auf denen die Raketen samt Startturm zu den Startplätzen rollen sollten, bildeten eine Möglichkeit. Sogar riesige Pontons wurden vorgeschlagen, die – von mehreren Schleppern gezogen und geschoben – die Raketen direkt aus der Montagehalle durch gebaggerte Kanäle an die jeweiligen Startplätze verfrachten sollten.

In diesem Zusammenhang müssen wir berücksichtigen, daß die Rakete, die die Mondlandung ermöglichte, die Saturn V, die stärkste und mächtigste Maschine des 20. Jahrhunderts darstellt. Sie ist vom Start bis in über 80 km Flughöhe mit sämtlichen Stufen 120 m hoch. Ihre Triebwerke, die die unfaßbare Leistung von 100 Mio. PS erzeugten, brachten die 2770 t Startgewicht in gerade mal 2 $^1/_2$ Minuten auf über 9600 km/h Raketentempo!

Solche Raketen, deren Bau samt Kapsel jedesmal Milliarden Dollar verschlang, sollten auf „schwankendem Floß" zum Startplatz gelangen!? Zu gefährlich schien hierbei der Stabilitätsfaktor, zumal in Florida mit plötzlich aufkommenden Stürmen und daher mit starken Windbelastungen gerechnet werden muß. Die durch Wind erzeugten seitlichen Kräfte wären bei einer Rakete von der Größe der Saturn V immens hoch und deshalb auf einem schwimmenden Ponton kaum sicher zu bewältigen gewesen.

Um extreme Winddrücke, die auf die Rakete wirken würden, beherrschen zu können, gab es folgende Vorschläge: Zusätzliche Schlepper vor und hinter dem Ponton, Druckluftdüsen unter der Wasserlinie oder längsseits an den Kanalrändern eingerammte Stahlrohre zum sofortigen Verankern an beliebiger Stelle. All dies erschien mehr als umständlich und verursachte unabsehbare Zusatzkosten.

## Bagger-Ingenieur als Helfer in der Not

Zufällig hörte Ingenieur Barrett Schlenk beim amerikanischen Baggerhersteller Bucyrus-Erie von den unüberwindlichen Problemen, die sich der NASA mit dem geplanten Transport der Saturn V-Raketen stellten. Er erklärte den NASA-Spezialisten, auf welche Weise die Raupenunterwagen riesiger Tagebau-Löffelbagger konstruiert sind. Nach anfänglicher Skepsis weckte der Enthusiasmus des Baggerkonstrukteurs jedoch die Neugier der NASA.

1962 besuchte ein Team von NASA-Fachleuten den Paradise-Kohlentagebau in Kentucky, wo ein 2700 t wiegender Abraum-Löffelbagger von Bucyrus-Erie arbeitete. Der Unterwagen des Baggers wurde an allen vier Ecken von großen Hydraulikzylindern horizontal gehalten. Die Zylinder stützten sich mittig in den vier Raupenpaaren ab.

Dieses Konzept gefiel den NASA-Spezialisten sehr gut, zumal Bucyrus-Erie zu jener Zeit für die

Die Besichtigung des Raupen-Unterwagens des 1961 im Bau befindlichen riesigen Abraum-Löffelbaggers 3850-B von Bucyrus-Erie überzeugte die NASA-Spezialisten, welche technischen Möglichkeiten in dem Raupenkonzept steckten. Bei dem Bagger handelte es sich damals um die bei weitem größte landgestützte Maschine, die sich mit eigener Kraft fortbewegte. Bei 88 m³ Löffelinhalt und 64 m Auslegerlänge erreichte das Betriebsgewicht 8200 t

benachbarte Peabody Coal Co. einen noch wesentlich schwereren Bagger konstruierte, dessen auf den Raupen lastendes Gewicht größer als das der geplanten Saturn V-Rakete samt Startturm sein sollte.

Nach eingehenden Studien von Bucyrus-Erie wurden die Kosten für fünf benötigte Raupentransporter auf ingesamt 25 Mio. Dollar veranschlagt. Das war trotz der attraktiven Vorteile des Transporterkonzeptes zu viel. Erneut wurde geplant, nachgedacht, ent- und verworfen, bis ein NASA-Ingenieur die Idee hatte, den Transporter vom Starttisch zu trennen und nur zwei „separate" Transportraupen zu bauen. Das erhöhte zwar das Gesamtgewicht, denn der vom Starttisch getrennte Transporter würde eine äußerst stabile Plattform brauchen, verringerte die Kosten aber deutlich.

Nun erhielt der „Crawler" von allen drei in Frage kommenden Transportlösungen die höchste Aufmerksamkeit. Dabei half auch der Zufall: Ab 10. Mai 1962 führten die NASA-Ingenieure gemeinsam mit Marine-Spezialisten Versuche mit einem 1:10-Modell des schwimmenden Pontons und der darauf stehenden Rakete durch. Hinzu kamen Versuche im Windkanal eines Marine-Labors mit einem Modell im Maßstab 1:60. Die Resultate waren so entmutigend, daß der zufällig am nächsten Tag eintreffende Kostenvoranschlag von Bucyrus-Erie mit größter Freude von der NASA angenommen wurde.

Sehr aufwendig schien allerdings der Bau der für die „Crawler" erforderlichen Fahrpiste zu sein. Eine

Baufirma aus Jacksonville setzte pro Meile (1,6 km) auf festerem Boden 447 000 Dollar, im Sumpfgelände jedoch 1,2 Mio. Dollar an. Diese Kosten beinhalteten das Abräumen einer 6 m dicken Sumpfschicht und das Auftragen eines stabilen Unterbaues für die Fahrpiste. Insgesamt mußten für knappe 10 km Strecke rund 7,5 Mio. Dollar kalkuliert werden.

Ebenfalls wenige Tage später, am 15. Mai, wurden die Resultate der Studie über den Schienentransport der Saturn-Raketen zusammengefaßt. Die Sümpfe wirkten auch hier verheerend auf die Kosten: Der Bau eines sicheren, sehr breitspurigen Schienenweges sollte im Sumpf mehr als doppelt so viel kosten wie die Raupenpiste. Und beim Pontontransport wurden für sichere Dockeinrichtungen zum Aufladen der Saturn V und für den Startplatz Baukosten von mehr als 20 Mio. Dollar geschätzt.

Der 1. Juni 1962 verlieh dem „Crawler"-Konzept weiteren Schwung, denn unter allen drei Transportlösungen schnitten die Schienen am schlechtesten ab. Die immens hohen Punktlasten auf den Schienen würden auf dem nicht homogenen Untergrund über kurz oder lang zu kaum vermeidbaren Setzungen führen. Dies wiederum würde den Raketentransport und die Vertikalität der Saturn V ernsthaft gefährden.

Eine Fahrstrecke mit „flexibler", also geringfügig nachgebender Oberfläche, schien die beste Lösung zu sein. Anläßlich einer Konferenz am 12. und 13. Juni 1962 fiel die Entscheidung: Zwei „Crawler" sollten gebaut werden. Wegen der äußerst kritischen Transportfrage wurden die „Crawler" auf der Prioritätenliste an die oberste Stelle gesetzt.

Während der Montage kursierten allerlei Witze und Bemerkungen über das ungewöhnliche Aussehen der „Crawler": „Aus der Entfernung wirkt der Koloß wie ein riesiges Sandwich, das an den Ecken von Panzern aus dem Ersten Weltkrieg gestützt wird", lautete eine der wenig schmeichelhaften Beschreibungen – die eigentlich auch ganz anschaulich war, oder etwa nicht…?

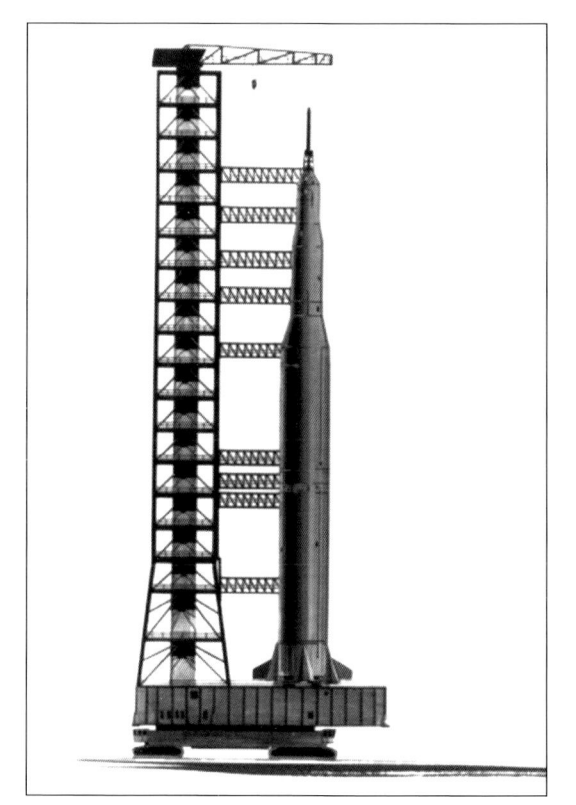

Sie planten und veranlaßten den Bau der beiden „Crawler" (v.l.n.r.): Richard L. Drollinger (Konstruktionsleiter bei Marion), Theodor A. Poppel und Donald D. Buchanan (NASA), S. J. Fruin (Vizepräsident Marion), Philip Koehring (Projektmanager bei Marion) und Kurt H. Debus (NASA)

Ein früher Entwurf für den „Crawler" samt mobilem Startturm und Saturn V aus dem November 1963 zeigt, daß sich das Basiskonzept nach den ersten groben Plänen nur unwesentlich änderte. Der winzig erscheinende „Crawler" war praktisch nichts weiter als ein abgewandelter und stark abgeplatteter Unterwagen eines riesigen Tagebaubaggers

Jahrbuch 2004

Im Dezember 1963 hatten Marion-Ingenieure mehr als 90 Prozent der „Crawler" konstruiert; im März 1964 trafen bereits die ersten Transporterteile auf Merritt Island ein (damals Cape Canaveral, heute Kennedy Space Center). Im November 1964 war der erste „Crawler" montiert. Erste Fahrtests, Feineinstellungen und Modifikationen wurden am 1. März 1965 vollendet. Im Hintergrund ist übrigens der aufwendige Bau der Fahrpiste zu erkennen

## Der Erzkonkurrent protestiert

In einem Punkt irrten sich die NASA-Fachleute jedoch beträchtlich: Anders als bei der Auftragserteilung angenommen war Bucyrus-Erie keineswegs der einzige Hersteller, der solche gigantischen Bagger und deren Raupenunterwagen bauen konnte. Es gab einen weiteren – den Erzkonkurrenten Marion Power Shovel Co. aus Ohio.

Als der Vizepräsident von Marion vom NASA-Auftrag für Bucyrus-Erie erfuhr, verfaßte er umgehend ein Protestschreiben, in dem er verlangte, daß von mehreren Wettbewerbern Angebote für die „Crawler" anzufordern sind, anderenfalls werde Klage eingereicht. Marion konnte wie Bucyrus-Erie zu jener Zeit reiche Erfahrungen mit den größten Baggern der Welt und daher auch mit Riesen-Raupenfahrwerken vorweisen.

Daraufhin sandten immerhin 22 amerikanische Firmen ihre Spezialisten zu einer Konferenz über die „Crawler"-Pläne, doch nur zwei trauten sich zu einem Angebot: Marion veranschlagte 8 Mio. Dollar, Bucyrus-Erie dagegen 11 Mio. Dollar. Doch wurde Marion nicht nur wegen des günstigeren Angebots bevorzugt, sondern auch aufgrund der Zusage, einen Projektmanager „aus den eigenen Reihen" zu stellen. Das sparte viel Zeit bei der Zusammenstellung des Projektteams.

Als Marion den Zuschlag erhielt, wurde sofort der kompetente Manager gewählt – aber nicht aus dem eigenen Unternehmen, sondern – ausgerechnet unter all den vielen US-Firmen – von Bucyrus-Erie! Übrigens hieß dieser Projektmanager Philip Koehring, hatte aber keinerlei Verbindungen zu dem gleichnamigen amerikanischen Baumaschinenhersteller und späteren Eigner von Menck & Hambrock.

Erwähnenswert mag außerdem noch sein, daß der Preis für die beiden „Crawler" zur Fertigstellung zwei Jahre später von den veranschlagten 8 Mio. Dollar wegen zahlreicher technischer Hürden auf 11 Mio. Dollar angestiegen war, also auf die Summe, die ursprünglich Bucyrus-Erie verlangte.

Leicht fiel der Bau der „Crawler" allerdings nicht gerade: Die für die hydraulische Lenkung und Nivellierung von Marion beauftragte Firma American Machine & Foundry lieferte das System nicht so wie von Marion erwartet. Eine Studie der Bendix Corporation, durchgeführt vom Mathematiker und Erfinder Edward Kolesa, bestätigte, daß das Nivelliersystem zu schnell und ruckartig reagierte. Die NASA beauftragte General Electric mit der Überprüfung, doch auch dort wurde das Problem bestätigt.

Deshalb mußte Marion nach den ersten Testfahrten umfangreiche Modifikationen vornehmen. Dazu gehörte auch der Einbau eines komplett eigenständigen Antriebes für Lenkung und Nivelliersystem, der aus zwei weiteren Dieselmotoren und zwei Generatoren bestand. Der Öldruck für die Lenkhydraulik wurde zudem annähernd verdoppelt.

## Startschwierigkeiten beim „Crawler"

Im März 1965 schienen die größten Hürden genommen, denn nun lagen erste Fahrtests, Feineinstellungen und Modifikationen hinter den NASA- und Marion-Mitarbeitern. Richtig ernst wurde es am 24. Juli 1965: Ein nicht mehr benötigter Startturm wurde zur Probe auf den Starttisch montiert, von einem „Crawler" aufgenommen und über eine Meile (1,6 km) transportiert. Man wollte auf verschiedenen Fahrbahnoberflächen wie Waschkies und gebrochenem Granit die Lenkkräfte, Vibrationen, Druckverteilung usw. ermitteln.

Doch die Testfahrt endete anders als erwartet, nämlich mit einer fürchterlichen Entdeckung. Hinter dem schleichenden „Crawler" fanden NASA-Mitarbeiter zunehmend mehr kleine Bronze- und Stahlteil-

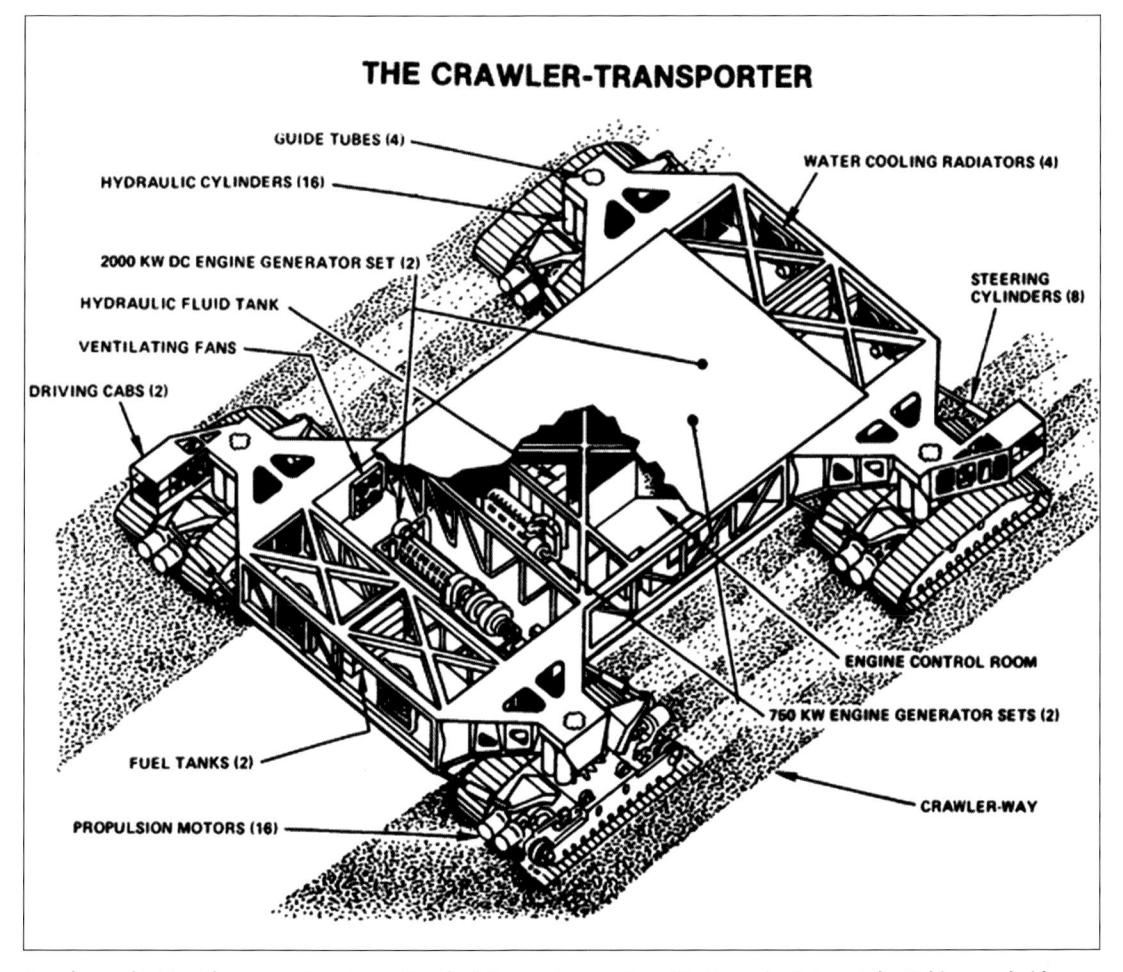

Anordnung der Hauptkomponenten eines „Crawler"-Raupentransporters. Die Bauweise ist samt der Kabinen an beiden Enden annähernd symmetrisch, nur im Fahrzeuginnern unter dem Plattformdeck sind die beiden Haupt- und Hilfsdiesel sowie Generatoren, Kühler, Hydrauliksystem und Tanks vorn und hinten unterschiedlich untergebracht

Nun konnte es losgehen: Im Freien wurden erste Tests durchgeführt, wie der „Crawler" unter den Starttisch und den darauf stehenden Startturm fährt und die paar Tausend Tonnen mittels hydraulischer Hubzylinder „huckepack" nimmt. Die zwergenhaft wirkenden Menschen, Pkw und Lkw lieferten einen beeindruckenden Größenvergleich!

chen. Nach der sofortigen Umkehr und sorgfältiger Untersuchungen stellte sich heraus, daß 14 der insgesamt 176 Lager für die unteren Fahrwerks-Laufrollen, die ja das Gewicht tragen, gebrochen und stark verschlissen waren.

Die Lager waren für die bei Kurvenfahrten auftretenden gewaltigen Belastungen zu schwach dimensioniert. Außerdem waren die Marion-Ingenieure von gleichmäßigen Belastungen aller Laufrollen jedes Raupenfahrwerkes ausgegangen, was sich in der Praxis als falsch herausstellte.

Die Suche nach anderen, besseren Lagern für die Laufrollen sollte sich als äußerst schwierig erweisen. Das gesamte Apollo-Programm schien gefährdet. In Presse und Fernsehen kam es sogar zu einem Skandal, als ein hoher Politiker (fälschlicherweise) behauptete, die „Crawler" würden niemals fahren können. Selbst die NASA testete Dutzende von Lagerkonstruktionen und -materialien in einem Labor in Huntsville. Schließlich wurde erneut eine Bronzelegierung gewählt, aber in einer gänzlich anderen Lagerkonstruktion mit permanenter hydraulischer Schmierung.

Erst im Januar 1966, also nach rund einem halben Jahr, waren alle Lager ausgetauscht und der erste „Crawler" wieder fahrbereit. Die Testfahrt, erneut mit aufgebautem Startturm, verlief am 28. Januar nun endlich erfolgreich.

Aufregend wurde es wiederum im Februar: Ein Test-Dummy der Saturn V-Rakete in Orginalgröße wurde versuchsweise in der Montagehalle zusammengebaut. Die einzelnen, grob nachempfundenen Raketenstufen waren mit 1,135 Mio. Liter Wasser gefüllt. Einer der beiden „Crawler" fuhr unter die Startplattform samt Startturm und nahm den montierten Raketendummy „Huckepack".

Zahlreiche Gäste waren anwesend, als der „Crawler" die Montagehalle am 25. Mai 1966 mit dem Raketendummy verließ – auf den Tag genau fünf Jahre nach der Ankündigung von Präsident Kennedy, die Amerikaner werden als erste den Mond betreten. Mit 5700 t Testlast wurde der „Crawler" auf Höchsttempo von 1,6 km/h gebracht – alles verlief bestens. Nun endlich war bewiesen, daß das mobile Startkonzept mittels Raupentransportern erfolgreich realisiert werden konnte.

Zwei Wochen später wurde überraschend ein wesentlich gewagterer Test gestartet, der das mobile Startkonzept bis an seine Grenzen brachte. Hurrikan Alma näherte sich der Ostküste Floridas. Chefplaner Kurt H. Debus von der NASA ordnete mutig an, der „Crawler" solle umgehend den Raketendummy aufnehmen und sich auf den Weg machen. So kroch der Raupentansporter mit dem 120 m hohen Dummy und dem Startturm erneut los, peitschendem Regen und Orkanböen von 96 km/h Geschwindigkeit ausgesetzt.

Allein für das Herunterfahren von der 392 m langen Startrampe mit 5 Grad Gefälle benötigte der „Crawler" unter diesen extremen Bedingungen eine Stunde. Um 23.43 Uhr kehrte das seltsame Gefährt in die sturmsichere Montagehalle zurück – zur großen Erleichterung aller Beteiligten. Das Startkonzept hatte eine ungeplante Feuertaufe überstanden!

Mancherlei Probleme bereitete aber der Bau der Fahrstrecke. In einem Memorandum wurden schon im August 1962 Bohrungen zur Entnahme von Bodenproben vorgeschlagen, da niemand Erfahrungen mit Lasten von 8000 bis 9000 t in Sumpfgelände hatte. Die zu erwartenden Belastungen überstiegen mit 58 t/m$^2$ alles bisher Dagewesene.

Nach eingehenden Beratungen mit Baufirmen wurde entschieden, unter einem 1,4 m dicken Spezialbelag, der aus mehreren Schichten bestand, Füllsand bis zu 7,6 m Tiefe als flexiblen Unterbau zu verdichten. Dazu mußte der Sumpfboden gegen 2,3 Mio. Kubikmeter Sand ausgetauscht werden.

Die erste Testfahrt über 1,6 km Strecke mit aufgenommenem Starttisch und -turm begann 1965 so vielversprechend – und endete im Desaster: Eine verräterische Spur hinter dem „Crawler" wies darauf hin, daß irgendetwas mehr als kaputt war. Tatsächlich waren 14 der insgesamt 176 Lager für die unteren Fahrwerks-Laufrollen zerbrochen und bis zur Unbrauchbarkeit verschlissen. Die eiligst vorzunehmende Suche nach anderen, besseren Lagern war nervenaufreibend

In der riesigen Montagehalle übten sich die Kranführer und NASA-Teams, in dem sie wassergefüllte Stufen eines Saturn V-Dummy bis zur originalen Raketengröße zusammenbauten. Anschließend konnte erstmals einer der „Crawler" unterfahren und die Probelast aufnehmen – ein überaus spannender Moment

Viele Gäste waren anwesend, als am 25. Mai 1966 der erste Probetransport begann. Der „Crawler" und der wassergefüllte Saturn V-Dummy stahlen die Show: „Der Anblick der himmelhoch ragenden Rakete, die ganz langsam, kaum wahrnehmbar, aus der riesigen Montagehalle schlich, war überwältigend, einfach unbeschreiblich", schilderte einer der Gäste

## Unterwegs zum Weltruhm

Aufgrund der engen „Verwandtschaft" zu Baumaschinen berichtete sogar die deutsche Baufachpresse über den Bau der Transporter. Schon 1963 erfuhren wir aus einer Meldung:

„In Anlehnung an das Fahrwerk und den Unterteil großer Abraum-Bagger entwickelte die Marion Power Shovel Company zwei Gleisketten-Transporter für Sonderzwecke, insbesondere für das Bewegen von Startanlagen für große Raketen.

Die Raketen sollen – nach ihrer Montage in einer Halle auf einer (Stahl-)Plattform mittels eines Turmgerüstes – samt ihrem Montage-Gerüst zur Start-Stelle gefahren werden, mit etwa 3,5 km/h Geschwindigkeit und ca. 5 km weit. Eine automatische hydraulische Nivellier-Einrichtung des Transporters hält die Last mit nur $1/6$ Grad Abweichung in der Vertikalen.

Der Transporter wiegt ca. 2500 t. Sein Fahrwerk besteht aus vier Gleisketten-Paaren von je 12 m Länge und 8 m Breite. Der Fahrantrieb umfaßt 16 Elektromotoren und 2 Diesel-Strom-Aggregate mit 2800 PS Ausgangs-Leistung. Bei Aufbau eines Löffelbaggers auf diesen Transporter könnte dieser Bagger 150 m$^3$ Löffelgröße aufweisen."

Diese Vermutung war zu jenem Zeitpunkt gar nicht so abwegig, denn 1965 wurde in der amerikanischen Captain-Kohlenmine der Southwestern Illinois Coal Corp. von Marion ein Bagger in Betrieb genommen, der größen- und leistungsmäßig bis heute

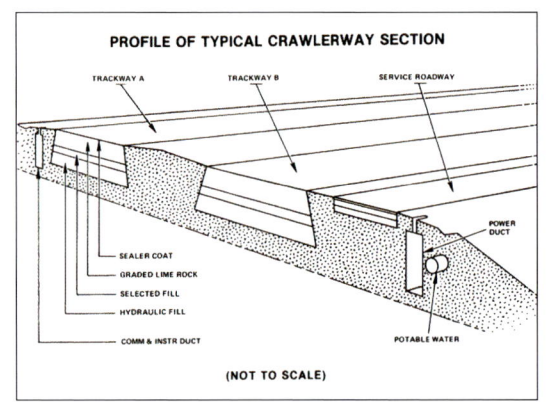

Dies war 1963 der typische Querschnitt der mehr als autobahnbreiten Fahrpiste der „Crawler", im amerikanischen Sprachgebrauch „Crawlerway" genannt. Die einzelnen Schichten aus verschiedenen Materialien sind zusammen 1,4 m dick, darunter befindet sich bis zu einer Tiefe von 7,6 m verdichteter Sand. Rechts im Bild ist die „normale" Straße für Service- und Versorgungsfahrzeuge

Jahrbuch 2004

Der Bau der Fahrpiste für die „Crawler" durch die Sümpfe Floridas erforderte 1964 einen beträchtlichen Aufwand und glich einer riesigen Autobahnbaustelle. Um einen ausreichend tragfähigen Unterbau herzustellen, mußte der Sumpfboden gegen 2,3 Mio. Kubikmeter Sand ausgetauscht werden. Insgesamt kostete der Bau der Fahrpisten fast 20 Mio. Dollar

nicht mehr zu übertreffen war. Der 12 640 t schwere Marion 6360 oder „Captain", wie der Riesenbagger nach dem Namen der Mine getauft wurde, schaufelte über den Kohleflözen den Abraum fort und verstürzte ihn auf bereits ausgekohlten Flächen.

Mit seinem 138 m³ fassenden Löffel – dies entspricht einer Löffelnutzlast von 245 t – konnte der „Captain" durchschnittlich 115 000 m³ gewachsenen Bodens pro Tag abtragen und seitlich abschütten. Das ergab eine imposante Monatsleistung von 3,5 Mio. m³. 138 m³ Löffelinhalt lagen dicht bei den zwei Jahre zuvor vermuteten 150 m³.

Außerdem ähnelten die Raupenfahrwerke des „Captain" verblüffend denen der Raketen-Transporter. Auch sie wurden von ingesamt 16 Elektromotoren angetrieben. Wie bei den beiden „Crawlers" gab es acht Raupenfahrwerke, die in vier Paaren zusammengefaßt waren. Dies war übrigens eine bei den großen Abraum-Baggern damals durchaus übliche Konstruktionsweise.

Als in jenen Jahren in Deutschland in der Tagespresse und zahlreichen Buchpublikationen über das US-Mondflugprogramm und somit auch häufiger über die „Crawler" berichtet wurde, machten sich – wie so oft bei uns – wieder die großen Übersetzungshürden bemerkbar.

Da wurden die Raupentransporter als „Raupenschlepper von gewaltigen Ausmaßen" bezeichnet, aber auch als „fahrende Transportbasis". Im damals nach wie vor lebendigen Vor- und Nachkriegsdeutsch, das Anglizismen vermied, hießen sie „Gleiskettentransporter für Sonderzwecke".

Besonders schwierig war für die vielen ahnungslosen Übersetzer, daß „to crawl" in der englischen Sprache laut Wörterbuch „kriechen" heißt. Was aber nicht in den Wörterbüchern stand, war die Bezeichnung „crawler" ganz allgemein für Raupenfahrzeuge und -fahrwerke. Dies führte dazu, daß die Raupentransporter bei uns oft „Kriech-Transporter", „Kriechplattform" usw. hießen – und in so mancher Veröffentlichung bis heute so genannt werden.

## Verbrauch auf 100 km: 34 000 Liter

Möglicherweise sind die beiden „Crawler" auch in anderer Hinsicht weltweit unübertroffene Rekordhalter. Ihr Kraftstoffverbrauch ist dermaßen hoch, daß kaum ein anderer Transporter oder gar „Lastwagen" zu finden sein wird, der auch nur annähernd so große Mengen Kraftstoff verschlingt wie ein „Crawler".

Auch wenn die Fahrstrecke mit durchschnittlich 5,6 km zum Startplatz vergleichsweise kurz ist – hin und zurück sind es ja gerade mal 11,2 km –, so ist der Tank doch nach einer solchen Fahrt um etwa 3 800 Liter leerer. Um gegen alle Eventualitäten wie Stand- und Wartezeiten, Lenk- und Niveaukorrekturen ausreichend gewappnet zu sein, faßt der Tank 5000 Gallonen, was 18 925 Litern entspricht.

Solch beachtlicher Tankinhalt ist gewiß beruhigend, denkt der Fahrer auch nur einen Augenblick an den momentanen Verbrauch seiner schleichenden Plattform: Umgerechnet auf 100 km Fahrstrecke schluckt der „Crawler" durchschnittlich 34 000 Liter Dieselkraftstoff!

Wir können leicht ausrechnen, daß das immerhin 340 Liter pro Kilometer sind – jeder Tankwart würde sich freuen. Dennoch sind solche Zahlen (fast) zu vernachlässigen, führt man sich die gewaltigen Treibstoffmengen vor Augen, die die Triebwerke der Saturn V und auch die Booster-Raketen der Space Shuttle verbrennen. Um aber zu ermitteln, welche gigantischen Brennstoffmengen insgesamt benötigt werden, um auch nur einen Satelliten in die Umlaufbahn zu bringen, haben die beiden „Crawler" durchaus einen meßbaren Anteil.

Kompliziert setzt sich der „Crawler"-Antrieb zusammen: Zwei 16-Zylinder-Lokomotivenmotoren von Alco mit je 2750 PS Leistung treiben vier 1000-kW-Generatoren, die insgesamt 16 elektrische Fahrmotoren mit jeweils 375 PS antreiben. Jeweils ein

Bei vielen weiteren Tests mit beiden „Crawler"-Transportern wurden Lenkkräfte, Belastung der Laufrollen und Kettenglieder, der Reibungskoeffizient mit dem Bodenbelag, Lagerkräfte, Bodendruck und vieles mehr überprüft. Dabei zeigte sich, daß übliche Straßenbeläge, auch Beton, für die immens hohen Punktlasten nicht flexibel genug waren und besonders bei seitlich „schiebenden" Lenkmanövern rissen und zerbröselten. Asphalt fraßen die „Crawler" förmlich

Welch ein Gegensatz: Das schnellste Vehikel der Welt, eine Saturn-Rakete mit Apollo-Kapsel, auf einem der langsamsten Fahrzeuge der Welt. Was anfänglich aufregend und atemberaubend war, wurde in der zweiten Hälfte der sechziger Jahre schon (fast) zur Routine. Die beiden „Crawler" bewältigten sämtliche Transporte der Saturn V-Raketen so souverän und störungsfrei, daß sie kaum noch nennenswerte Beachtung erhielten. Trotz ihrer schieren Größe wirkten sie unter den mächtigen Raketen unscheinbar

Raupenfahrwerk hat daher zwei eigene elektrische Antriebe.

Jedes der acht Raupenfahrwerke besteht aus 57 Kettengliedern von 2,3 m Breite. Das sind zusammen 456 Kettenglieder, die bei einem Einzelgewicht von 998 kg immerhin gemeinsam schon 455 t auf die Waage bringen – und die langsam, aber ständig bewegt werden wollen...!

Das kostet Kraft und daher reichlich Kraftstoff. Doch der „Crawler" will auch gelenkt sein, und der Starttisch muß unter allen Fahrsituationen unbedingt horizontal sein. Für Lenkung und Neigungsverstellung verfügt jeder „Crawler" über ein umfangreiches Hydrauliksystem. Insgesamt werden 14 000 Liter Hydrauliköl von acht Pumpen umgewälzt.

Für all diese Funktionen stehen neben den beiden Hauptdieseln „Hilfsdiesel" zur Verfügung, und zwar zwei 8-Zylinder-Motoren von White mit je 1065 PS Leistung. Sie treiben zwei Generatoren mit je 750 kW elektrischer Leistung, die die Hydraulikpumpen mit Strom speisen. Allein für das 1700 Liter fassende Kühlsystem ist ein 75-PS-Elektromotor erforderlich.

Es sind aber weder das immsense Gesamtgewicht noch die installierte Leistung, die zu dem rekordverdächtigen Kraftstoffverbrauch führen – es ist die Zeit. Aufgrund seines Kriechtempos – dreimal langsamer als ein Fußgänger – dauert jede Fahrt stundenlang. Alle vier Dieselmotoren arbeiten dabei mindestens fünf Stunden während der Hinfahrt und zudem drei Stunden bei der mit 2 bis 3 km/h deutlich „schnelleren" Rückfahrt. Hinzu kommen allerlei Rangierzeiten beim Abholen und Abstellen des Starttisches.

Mit Starttisch und aufgebautem Startturm einer Space Shuttle ist ein „Crawler" 136 m hoch. Das Fahrzeug wirkt trotz seiner Breite von 34,75 m dem-

Der Zahn der Zeit nagt auch an den Raupentransportern: Im August 2002 waren am „Crawler" Nr. 2 zwei JEL auszutauschen. JEL heißt „Jacking, Equalization and Leveling Cylinder", gemeint sind damit die 16 hydraulischen Hubzylinder mit 1016 mm Durchmesser für die Neigungseinstellung. Bei den Arbeiten wurden Haarrisse in drei der vier Lager dieser beiden JEL entdeckt. Weitere Untersuchungen zeigten, daß sogar 15 der insgeamt 32 vorhandenen Lager derartige Risse aufwiesen. Solche Reparaturen sind stets recht aufwendig, verlangen die Anmietung von Autokranen und den Aufbau von Hilfsgerüsten

Gerade wegen der quälenden Langsamkeit der „Crawler" gestalten sich alle Lenkmanöver schwierig: Jegliche Lenkbewegungen müssen äußerst vorsichtig eingeleitet werden – und sind erst 5 bis 10 Minuten später zu spüren. Dies führt dazu, daß ungeübte Fahrer zu Überreaktionen neigen und so den „Crawler" unversehens aus der Bahn bringen

Oben: Deutlich ist zu erkennen, wie die hydraulische Neigungsverstellung des „Crawler" die Ladeplattform und damit auch den Starttisch mit 16 hydraulischen Stempeln so stützt, daß die Ladeebene nie mehr als zehn Bogensekungen (1/6 Grad) von der Horizontalen abweicht. Unter normalen Betriebsbedingungen erfolgt die Regelung der Neigungshydraulik computergesteuert

Kurz vor dem Abstellen des Starttisches samt Space Shuttle befährt der „Crawler" einen Streckenabschnitt, der den 137 m langen, 17,7 m breiten und 12,8 m tiefen Flammengraben überspannt. Hier werden die heißen Flammen der Space Shuttle-Düsen in einen Wassergraben gelenkt, der nicht kühlt, sondern die Vibrationen der Triebwerks-Schubstrahlen ausreichend dämpft, damit die Space Shuttle nicht „zerrüttelt" wird

nach eher schmal. Die Abstützbreite und -länge zwischen den hydraulischen Stützzylindern der vier Raupenpaare betägt sogar nur 27,4 x 27,4 m.

Das wäre so, als würde ein 2,5 m breiter und nur ebenso langer „Kurz-Lkw" mehr als 12 m hoch sein – wer würde sich trauen, ein solches Gefährt sicher um Kurven zu lenken und erst recht auf Steigungen zu fahren…?

Die Lastplattform des „Crawler" und damit auch der Starttisch werden von 16 Hydraulikzylindern mit jeweils 1016 mm Durchmesser so gestützt, daß die Ladeebene nie mehr als zehn Bogensekungen ($1/6$ Grad) von der Horizontalen abweicht. Dies entspricht an der Raketenspitze etwa dem Durchmesser eines Basketballs. Der Neigungsausgleich ist besonders wichtig beim Befahren der zu den Startplätzen führenden 5-Prozent-Steigungen von 365 m Länge.

Durch die hydraulische Höhenverstellung der Lastplattform variiert die Gesamthöhe des „Crawler" zwischen 6,1 und 7,9 m bei maximal ausgefahrenen Hydraulikstempeln. Das Neigungssystem wird heute selbstverständlich von Computern überwacht, wobei eine umfangreiche Sensorik und zur Sicherheit doppelte Rechnerkreise Fehlschaltungen jeglicher Art ausschließen sollen.

## Wohin gelenkt wird, merkt man erst nach 20 Minuten

„Der langsamste Fahrer der Welt beginnt die Reise zum Mond", schrieb eine amerikanische Zeitung in den sechziger Jahren. Man könnte vermuten, daß das Bedienen und Lenken eines solchen schleichenden Riesenfahrzeuges nicht allzu schwierig sein sollte. Doch das Gegenteil ist der Fall. „Der Umgang mit dem Monster verlangt einen kühlen Kopf, extreme Geduld, Erfahrung und sehr viel ausgeklügeltes Teamwork", berichtet die NASA.

Dies trifft besonders auf das Be- und Entladen zu. Mit Hilfe von optischen Laserpeilungen, Markierungen und vielen Mitarbeitern mit Sprechfunkgeräten muß der „Crawler" auf 5 cm genau unter den 45,7 m breiten Starttisch manövriert werden. Zum Vergleich stelle man sich vor, seinen Pkw so präzise zu rangieren: An jeder Seite der Garage wäre nur knapp 1 mm Freiraum, der gesamte verfügbare Freiraum beträgt nur 1,96 mm!

Doch auch die Fahrt hat es mehr als in sich: Jede unbedachtsame Lenkbewegung und jedes stärkere Bremsen wirkt oben an der Spitze des Startturmes wie ein Vorschlaghammer. „Eine unserer größten Gefahren ist das Überreagieren: Weil beim Bedienen und Steuern alles so extrem lange dauert, ist man geneigt, stärkere Brems- und Lenkmanöver einzuleiten", meint ein Fahrer des Raupentransporters.

Dies mag folgendes Beispiel erläutern: Der „Crawler" kommt an eine Kurve, der Fahrer führt entsprechende Lenkfunktionen durch – und erst rund 25 Minuten später kriecht der Transporter wieder aus der Kurve heraus. Daß und wie weit die Lenkbewegung der Raupenfahrwerke eingeleitet wurde, ist während etwa ein bis zwei Minuten praktisch nicht zu spüren.

Ebenso unübersichtlich wirken sich Änderungen der Geschwindigkeit aus: „Niemand kann bei derartigen Lasten die Unterschiede zwischen 1,12 und 1,45 km/h (0,7 und 0,9 Meilen pro Stunde) voraussagen. Bei 0,5 km/h ist die Fahrt sehr weich, bei 1,3 km/h werden Vibrationen spürbar, aber tolerierbar, und bei 1,5 km/h wirken die Vibrationen und Schwingungen plötzlich bedrohlich", erklärt einer der Hydrauliktechniker.

Ed Walsh, der Fahrer beider „Crawler" während des Apollo-Programms, berichtete: „Die erste Fahrt ist ein überwältigendes Erlebnis. Du denkst an das schreckliche Gewicht über dir und was bei irgend-

*Wo geht's, bitte, zum Fahrerhaus? Der Aufstieg zum „Crawler" weist durchaus Ähnlichkeit mit dem Betreten eines Schiffes über die Gangway auf. Rings um den „Crawler" führen Laufstege, Treppchen und Leitern; ins Innere öffnen sich Wartungstüren und Durchgänge. Um den Raupentransporter fahrbereit zu machen, brauchen 14 Mitarbeiter ganze anderthalb Stunden!*

*Nun gilt es, das richtige Fahrerhaus zu finden: C/T-2 CAB3 bedeutet, daß wir uns beim zweiten Raupentransporter (C/T = Crawler Transporter) befinden, der aber nicht drei Fahrerhäuser hat. Vielmehr ist CAB3 das dritte aller vier Fahrerhäuser. Die klimatisierten und schallisolierten Kabinen bieten großen Komfort, denn schließlich lasten über den Fahrern nicht nur Tausende Tonnen, sondern auf ihnen auch höchste Verantwortung. Und ihre Fahrt dauert Stunden und Stunden…*

Schon das Herausrangieren aus den Parkplätzen der beiden „Crawler" verlangt viel Können und Aufmerksamkeit – einen Blick in den Rückspiegel gibt es nicht. Um mit Fahrzeugen von fast 35 m Breite und 5000 bis 6000 t Last sicher manövrieren zu können, sind auf dem Gelände vom Kennedy Space Center etwa 30 Personen mit Funk- und Meßgeräten erforderlich. In der Bildmitte ist das Wartungs- und Servicegebäude der „Crawler"

Keine Millimeter-, aber Zentimeterarbeit: Nicht nur beim Einfahren in die Montagehalle muß der Fahrer sein ganzes Können unter Beweis stellen, denn im Halleninnern soll der „Crawler" auf 5 cm genau unter den 45,7 m breiten Starttisch manövriert werden. Bei einem Pkw würde das an jeder Garagenseite knappen 1 mm Freiraum entsprechen. Wer tritt zum Fahrerwettbewerb an…?

Eine ebenso plötzliche wie unliebsame Panne: Am 31. Oktober 2000 transportierte „Crawler" Nr. 2 Space Shuttle „Endeavour" zur Startrampe 39B. Die „Endeavour" sollte eine riesige Solaranlage für die Stromversorgung der ISS (International Space Station) bringen; es war der sechste „Montageflug" zur ISS. Während der Transportfahrt entdeckte die „Crawler"-Crew einen Riß in der Bodenplatte eines Kettengliedes der Raupenfahrwerke. Der Transport wurde umgehend gestoppt, um an Ort und Stelle den sofortigen Austausch des Kettengliedes vorzubereiten

Das Auswechseln eines Kettengliedes „unterwegs" und mit aufgebürdeter Space Shuttle verlangt sehr viel Know-How – und Geduld bei allen an der Reparatur nicht direkt beteiligten Mitarbeitern. Nach dem Herauslösen des Kettengliedes mit Spezialwerkzeugen wurde mit einem eilends herbeigeholten Stapler das schadhafte Glied herausgehoben und das neue eingesetzt. Die Sonne war inzwischen sehr viel weiter gewandert, hingegen stand der „Crawler" noch lange still…

Auch das absolut genaue Geradeausfahren über dem Flammengraben der Space Shuttle-Startrampe will gelernt sein. Nur wenige Zentimeter bleiben auf beiden Seiten für Lenkkorrekturen mit den Raupenfahrwerken. Verheerend wäre es, wenn der Fahrer zu starke Lenkbewegungen veranlassen würde und auf diese Weise zwei innenliegende Raupenfahrwerke über die Kante des Flammengrabens rutschen könnten!

welchen Fehlfunktionen passieren könnte. Du weißt, daß auf dem Papier alles klappen soll, aber bezweifelst, ob das gerade jetzt auch stimmt. Und trotz Kriechtempo weißt du nicht, wo du zuerst hinhören und hinsehen sollst."

Während der Fahrt zum Startplatz hat ein „Crawler" eine Stammbesatzung von 30 Personen. Die meisten davon fahren allerdings nicht mit, sondern beobachten den Transport und halten mit der Fahrmannschaft auf dem „Crawler" unentwegt Sprechfunkkontakt.

Während der heikleren Fahrmanöver, beispielsweise in engen Kurven sowie beim Aufnehmen und Absetzen des Starttisches, sind beide Kabinen besetzt. So können die zwei Fahrer die vorderen und hinteren Raupenpaare getrennt voneinander zentimetergenau lenken. Dabei stehen sie natürlich in Funkkontakt, auch mit dem Bodenpersonal, denn auch die getrennten Lenkmanöver müssen genau koordiniert sein.

Recht aufwendig gestaltet sich auch der Start eines „Crawler". Rund anderthalb Stunden müssen veranschlagt werden, bis 14 Mitarbeiter den Transporter fahrbereit gemacht haben. Dabei ist zu bedenken, daß nicht nur vier große Dieselmotoren mit 7630 PS Gesamtleistung, sondern drei separate Hydraulikkreisläufe (für Lenkung, Plattform, Starttisch), mehrere Dutzend elektrische Systeme, je ein Druckluft- und ein Kraftstoffsystem sowie zwei zentrale Schmiersysteme betriebsbereit sein müssen.

Für die geforderte, absolut sicheren Lenk- und Nivellierfunktionen sollen die Motoren und besonders das Hydrauliköl Betriebstemperatur erreicht haben. All dies und zahlreiche weitere Kontrollen sind ebenfalls von der „Besatzung" vor Fahrtantritt durchzuführen. Das nur für diese Zwecke vorhandene Handbuch, das „Start-Up Procedure Manual", umfaßt 39 Seiten und muß Check für Check durchgegangen werden.

Zu viele Werte stehen auf dem Spiel, als daß sich die NASA-Crews leisten könnten, während des Transportes beispielsweise durch einen Fehler in der „Crawler"-Bordhydraulik eine Space Shutte nur durch schlichtes Umkippen zu verlieren. Deshalb

Jahrbuch 2004

werden während jeder Fahrt zahlreiche Komponenten und wichtige Betriebszustände kontinuierlich überwacht. Nur so lassen sich Pannen aller Art so weit wie möglich ausschließen.

## Dank solider Technik ins nächste Raumfahrtjahrhundert

Die Qualität der damals von Marion gefertigten Maschinen macht es der NASA bis heute vergleichsweise leicht: Die Space Shuttles können weiterhin in der riesigen Montagehalle gewartet, umgebaut und einsatzbezogen ausgerüstet und dann problemlos über 5,6 km Distanz zum Startplatz gebracht werden.

Mit ihren 29 000 km/h Geschwindigkeit – das entspricht Mach 25 und ist rund zehnmal schneller als eine Gewehrkugel – gehören die Space Shuttles zu den am meisten „gebeutelten" Maschinen überhaupt. Kälte, Hitze, immense Druckunterschiede und starke Vibrationen bei Start und Landung beanspruchen die aufwendige Technik bis auf Höchste. Trotz des fürchterlichen Space Shuttle-Unglücks im Jahre 2003 und trotz der für die Zukunft geplanten leichteren Shuttle-Raumfahrzeuge werden die beiden Raupentransporter auch in den nächsten Jahren unentbehrlich bleiben.

Immerhin haben Space Shuttles zusammen bereits mehr als 1,5 Milliarden Kilometer zurückgelegt (das sind 1500 Millionen), eine unfaßbare Strecke für von Menschenhand gebaute Vehikel. Dabei brachten sie insgesamt über 1000 Tonnen Fracht „nach oben" – als teuerstes Transportgerät aller Zeiten!

Endlich auf der Heimfahrt; sie wird wieder etliche Stunden dauern. Aus der Distanz der Fotos wirkt der „Crawler" stets gemächlich, vielleicht sogar leise. Doch dieser Eindruck täuscht: Während der Fahrt dröhnen in seinem Innern vier Motoren mit 7630 PS Gesamtleistung, zwei davon Lokomotivenmotoren. Daher ist der gewaltige Lärm des fahrenden „Crawler" weithin hörbar

Jeder Shuttle-Start verschlingt rund 550 Mio. Dollar, die Kosten pro Kilogramm Nutzlast liegen zwischen 17 000 und 20 000 Euro. Das ist mehr als ein Kilogramm Gold kostet. Oder, anders ausgedrückt, würde im All Gold einfach herumschweben, lohnte es sich nicht, ein Space Shutte hochzuschicken und das Gold einzusammeln. Ein 85 kg schwerer Astronaut mit 15 kg Handgepäck für einen längeren Aufenthalt in der Raumstation ISS müßte rund 2 Mio. Euro auf einem imaginären Ticket-Schalter der NASA „hinblättern", sofern er seinen Flug selbst bezahlen sollte.

Ungeachtet der wahrlich überwältigenden Kosten wurden etwa 60 Prozent aller im erdnahen Weltraum derzeit vorhandenen „Technikmasse" wie Satelliten, ISS-Raumstation, Hubble-Weltall-Teleskop und Sonden aller Art mit den ursprünglichen vier Space Shuttles ins All gebracht…

…und mit den beiden Raupentransportern die wenigen Kilometer zum Startplatz. Während ihrer vielen Einsatzjahre schleppten die beiden „Crawler" annähernd 400 000 t zu den Startplätzen und zählen damit zu den leistungsfähigsten und – bezogen auf die Lasttonnen – fleißigsten Schwertransportern der Welt.

Die „Crawler" werden sicherlich auch in den kommenden Jahren gemächlich hin und her fahren, damit wir an den Annehmlichkeiten der Zivilisation wie Satelliten-Fernsehen, satellitengestützte Navigation und Telekommunikation teilhaben können. Dabei sollte nicht vergessen werden, daß hinter all dem bewundernswerte technische Leistungen und ein gewaltiges kollektives Know-How der Menschheit stecken – bis ins letzte Detail, und seien es verbesserte Bronze-Lager…

Science Fiction, Weltraumromantik oder schlichte „alte" Technik des 20. Jahrhunderts? Nicht wie in einem Durchschnittswestern in den Sonnenuntergang, sondern passend zum Weltall fährt unser „Crawler" mit einer Space Shuttle in einen Mondaufgang. Wie viele Fahrten werden noch folgen? Die Raumfahrttechnik des 21. Jahrhunderts wird wahrscheinlich andere, weniger komplizierte Methoden hervorbringen

# Schürfraupen

## Die exklusivste Baumaschine der Welt

**von Heinz-Herbert Cohrs**

Gleich in zweierlei Hinsicht ist eine Schürfraupe die wohl außergewöhnlichste Baumaschine: Sie ist das einzige echte Ein-Mann-Gerät für Abtrag, Transport, Einbau und Verdichtung bei jeder Witterung und verschiedensten Bodenverhältnissen, und um sie rankt sich eine legendäre Entwicklungsgeschichte. Die kleine Gemeinde der Hersteller, Anbieter und Betreiber fühlt sich fast wie ein eingeschworener Kreis von „Eingeweihten", der die bemerkenswerten Vorteile dieser exklusivsten Baumaschine der Welt bewahren und unbeirrt von allen Trends nutzen möchte.

Sogar eine „Confrérie de Scrapedozer" (Bruderschaft der Schürfraupenfahrer) gibt es. Verdiente Schürfraupenfahrer werden dort anläßlich jährlicher Generalversammlungen in einer feierlichen Prozedur samt Schlag eines Kettenbolzens zu Chevaliers (Rittern) ernannt. In den Statuten heißt es: „Durch Weiterbildung und Pflege der Kameradschaft im Kreise der Confrérie wird die Voraussetzung geschaffen, Schürfraupen optimal zum Einsatz zu bringen und durch ehrliche Arbeit das Vertrauen der Mitmenschen zu gewinnen und zu erhalten!" Dazu wird ein eigener Wein vom Confrérie-eigenen Weinberg genossen, dessen Etikett eine Schürfraupe ziert. Um welche andere Baumaschine rankt sich noch soviel Ethik und Gefühl…?

Auch das Vorwort eines Schürfraupen-Handbuches vom „Erfinder" dieser Maschinengattung Menck & Hambrock aus den fünfziger Jahren zeigt, daß es sich bei den Maschinen schon seit eh und je um etwas Besonderes handelt:

Schürfraupen wie die „Operator 1030" von Bührer mit 9,8 m$^3$ fassendem Schürfkübel gelten als sehr kostengünstiges Erdbauverfahren für kurze bis mittlere Distanzen. Die beladen 40 t wiegenden Schürfkübelraupen erreichten auf dieser Baustelle hohe Tagesleistungen von 750 m$^3$, denn das Tempo von 16 km/h sorgt für kurze Umlaufzeiten – ohne zeitraubende Wendemanöver

Foto: DBH Baumaschinen

**Liebe Schürfkübelraupe,**

sicher wirst Du Dich wundern… jahrelang, ja schon fast ein Jahrzehnt haben wir miteinander zu tun, aber ich habe selten an Dich und über Dich etwas geschrieben. Du hattest es in Deiner Jugend gar nicht leicht, so manche Dinge machten Dir das Leben schwer. Du bekamst Masern, Keuchhusten, Ziegenpeter, – kurz – fast alle Kinderkrankheiten, die man sich denken konnte. Oft, wenn man Dir auf einer Baustelle begegnete, warst Du zerrissen und zerzaust. Du brauchtest Zeit, Dich zu entwickeln, mußtest Dich mausern, mußtest wie ein junger Schwan erst das nicht sehr attraktive graue Gefieder der Kinderzeit verlieren und in das schöne weiße Kleid der reiferen Jahre hineinwachsen."

„Nun bist Du in dem Alter; nun bist Du ausgereift und ausentwickelt, und nun ist es an der Zeit, darüber nachzudenken, was Dich anziehend und liebenswert erscheinen läßt. Eigentlich war es bei Dir genau wie bei den Menschen: Wenn sie zur Welt kommen, sind sie ein unbeschriebenes Blatt. Man setzt zwar stillschweigend voraus, daß sie die Erbanlagen ihrer Eltern mitbekommen haben, aber ob das so ist, das stellt man erst viel später fest. Es braucht in jedem Fall Jahre, bis sich das weiße Blatt mit Informationen und Leistungsdaten füllt, bis man sehen kann, wo die Vorzüge und wo die Nachteile im wesentlichen liegen, – und es braucht noch einmal Jahre, bis man das Charakteristische klar und deutlich vor sich sieht."

„So ist es nicht verwunderlich, daß man auch bei Dir nicht gleich erkennen konnte, in welche Richtung Du wohl schlagen würdest. Es fehlte nicht an Stimmen, die Dir die besten Eigenschaften schon in die Wiege legten. Dir selbst war das sehr peinlich und Du sagtest oft genug: Laßt mich nur erst einmal erwachsen sein, dann werdet ihr am besten sehen, wo meine Qualitäten stecken."

Die legendäre SR 53 von Menck & Hambrock begründete den ausgezeichneten Ruf dieser seltenen Maschinengattung, deren Vorzüge nur wenigen „Insidern" bekannt sind. Die SR 53 wurde als erste Schürfraupe ab 1953 serienmäßig gefertigt und gilt als Urahn aller bis heute gebauten „Scrapedozer", wie die Maschinen im Ausland genannt werden

„Du hast es jetzt verdient, daß man etwas ausführlicher über Deine Eigenarten spricht, speziell über das, was Dich im besonderen Maße attraktiv erscheinen läßt. Jahrelang hast Du Dir den Wind um die Nase wehen lassen, – nicht nur den zahmen hier in Mitteleuropa, sondern auch den eiskalten im hohen Norden, den glutheißen im wilden Afrika, den feuchten in den Urwaldzonen und nun sogar den aus dem fernen, ganz fernen Osten. Du hast etwas erlebt, hast Dich durch alle Schwierigkeiten hindurchgeboxt und Dir Achtung und Ansehen errungen. Man spricht von Dir, man bewundert Dich, man schaut Dir bei der Arbeit zu und – macht sich Gedanken über Dich, – Gedanken, die um die Begriffe ‚lieb' und ‚teuer' im wörtlichen wie im übertragenen Sinne kreisen. Du bist ein schöner Schwan geworden: Elegant, charmant, graziös, souverän und voller Stolz im Bewußtsein Deines Könnens und Deiner Leistung."

Unten: Beeindruckend sind Einsätze, bei denen Schürfraupen in Flotten arbeiten. Durch den Pendelverkehr der Maschinen, durch das stetige Hin- und Herfahren, Schürfen und Entleeren wirken derartige Einsätze sehr dynamisch, hier zwei Nissha-Schürfraupen von Frutiger Baumaschinen.
Foto: Jürgen Flemming

Ein mutiger Blick in den Rachen einer Schürfraupe: Harter Boden kann bei der Rückwärtsfahrt der Schürfraupe mit dem integrierten Aufreißer (rechts unter dem Planierschild zu erkennen) gelockert werden. Der Boden ist dann bei der anschließenden Vorwärtsfahrt leichter in den Kübel zu schürfen

Kehren wir aus dem Charme der fünfziger Jahre zurück in die hektische Business-Mentalität unserer Zeit, dürfen wir getrost die Frage stellen: Wer würde es wagen, heute so rührend über eine High-Tech-Baumaschine zu schreiben?

## Schürfraupen hatten es nicht leicht

Schürfraupen wurden in den vierziger und fünfziger Jahren in Deutschland entwickelt und in den nachfolgenden Jahrzehnten durch die große Verbreitung luftbereifter Scraper leider in eine Nischenposition abgedrängt. Das verstärkte sich noch, als in den achtziger Jahren in Deutschland Scraper nahezu vollständig von den Teammaschinen Hydraulikbagger plus knickgelenkte Muldenkipper ersetzt wurden.

Doch diejenigen, die über viele Jahre unbeirrt Schürfraupen einsetzten, ließen sich von kommenden und gehenden Trends nicht ablenken, denn unbestritten haben Schürfraupen zahlreiche Einsatzvorteile.

„Schürfen, Transportieren, Entladen, Verteilen, Verdichten – in einem Arbeitsgang", erklärte Menck & Hambrock zur universell einsetzbaren Schürfraupe SR 53. Tatsächlich sind Schürfraupen die einzigen Erdbaumaschinen, die im Alleingang im zeitsparenden Pendelverkehr Material lösen, laden, transportieren und sofort in gleichmäßigen Lagen einbauen können. All diese Arbeiten werden von einem Fahrer in einer Maschine ohne jegliche Stops durchgeführt. Nur zum Auftanken und in Pausen wird angehalten.

Dessen ungeachtet hatten es die Schürfraupen von Beginn an mehr als schwer. Obwohl der deutsche Maschinenbau in den fünfziger und sechziger Jahren weltweite Bedeutung besaß und in einigen Bereichen eine Spitzenposition einnahm, blieb der Beitrag der deutschen Baumaschinenindustrie an originellen Ideen für den maschinellen Erdbau bescheiden.

Gewiß hat die kontinuierliche Erdbewegung in Deutschland ihre Anfänge und sich über Jahrzehnte hinweg zu den heute in aller Welt als „German Equipment" bekannten Schaufelradbaggern und Absetzern entwickelt. Gewiß konnte Deutschland als das Heimatland der Feldbahn für die schienengebundene Erdbewegung angesehen werden, und gewiß ist Deutschland heute beim Bau von Hydraulikbaggern ab 20 m³ Schaufelinhalt weltweit führend.

Aber fast tatenlos mußten deutsche Konstrukteure und Bauleute zusehen, wie Bulldozer, Scraper, Grader usw. aus der Neuen Welt zu uns kamen und das deutsche Bagger-Feldbahn-System in Frage stellten:

Schürfraupen zieren sogar das Etikett von Weinflaschen! Der gute Tropfen darf bei Frutiger Baumaschinen in der Schweiz von Mitgliedern der „Confrérie de Scrapedozer" (Bruderschaft der Schürfraupenfahrer) genossen werden. Ein passender Wein zur Baumaschine dürfte einmalig sein!

Die Menck-Schürfkübelraupen durften sich stolz mit einem Orden schmücken: 1964 wurde der SR 53 von einer angesehenen Fachzeitschrift der „Blue Ribbon Award" für außergewöhnliche technologische Leistungen verliehen. Der Preisträger wurde von einer Jury internationaler Fachjournalisten ermittelt

Für die großen Erdbauaufgaben der sechziger Jahre wurde von Menck & Hambrock die SR 85 entwickelt. Mit 8,5 m³ Füllung im Kübel brachte die SR 85 mehr als 35 t auf die Waage; sie war eine beeindruckende Hochleistungsmaschine mit 220 PS Motorleistung. Leider war die SR 85 auch die letzte Menck-Schürfraupe

**Ein typisches Arbeitsspiel der SR 85**

1. Start: Der Kübel wird soweit abgesenkt, daß die Schneide ins Erdreich eindringt. Dabei ist die Kübelklappe geöffnet und die bewegliche Rückwand (Entleerschieber) in seiner hinteren Endlage. Reißeinrichtung und Frontschild oder Brustschild sind angehoben.

2. Hauptarbeitsgang: Schürfen. Die Kübelschneide dringt bis zur gewünschten Tiefe, maximal 40 cm, in den Boden ein. Die Schürfstrecke ist, je nach Arbeitsbedingungen, ca. 15–25 m lang. Die Federung zwischen Kübel und Fahrwerk ist abgeschaltet. Schubraupen sind überflüssig.

3. Kübel ist gefüllt. Die Klappe wird geschlossen, der Kübel angehoben. Transportgeschwindigkeit bis zu 14 km/h. Die Federung zwischen Kübel und Fahrwerk ist jetzt wirksam. Während der Transportfahrt kann planiert werden. Dabei ist die Federung abgeschaltet.

4. Entleeren am Fahrtziel. Je nach gewünschter Entleerungsart wird die Klappe teilweise oder ganz geöffnet, der Kübel niedrig gehalten oder angehoben. Die bewegliche Rückwand wird nach vorn gedrückt und wirkt als Entleerschieber.

5. Leerfahrt zurück im Rückwärtsgang mit geöffneter Klappe und Rückwand in hinterer Endstellung. Die Federung ist dabei wirksam.

6. Reißen während der Fahrt in der Schürfzone. Die Federung ist abgeschaltet.

Dieses ist ein Arbeitsbeispiel für die SR 85 im Alleingang – als Einmann-Arbeitskette. Ohne Hilfe anderer Geräte. Ohne einen zweiten Mann. Ohne das Geräteketten-Risiko.

So arbeitet eine Schürfkübelraupe, hier am Beispiel der Menck SR 85, aber auch gültig für alle anderen Schürfraupen. Das jederzeit mögliche Aufreißen, Abziehen, Verteilen und Schütten über die Kante wurden hier nicht berücksichtigt

Daher enthielt das internationale „Flachbagger-Szenarium" kaum etwas, das aus Deutschland kam.

Kaum – um so mehr wiegt der einzige ausgesprochen „deutsche" Flachbagger: die Schürfraupe. Angesichts der amerikanischen Konkurrenz hatte sie es schwer, sich eine Position auf dem Markt zu erobern. Anfänglich mit vielen Kinderkrankheiten behaftet, war an ihr zuviel „Filigranarbeit", als daß sie auf Erdbaustellen die dort unvermeidlichen „Knüffe" vertragen konnte. Außerdem war sie zu teuer in der Herstellung, vor allem deswegen, weil sie meist nur in Einzelfertigung gebaut wurde. Fünf Maschinen gleichzeitig und 18 oder 24 Stück im Jahr waren kaum als „Serie" zu bezeichnen.

Das „Kilo Schürfraupe" war in den sechziger Jahren fast doppelt so teuer wie das „Kilo Cat D 8" oder andere vergleichbare Geräte. Immer wieder wurde damals die Frage laut: Was ist eigentlich von der Konstruktion her gesehen so Besonderes an dieser Maschine, daß sie dermaßen teuer wird?

Zudem haben bei Menck & Hambrock fabrikinterne Überlegungen mitgespielt, daß die Stückzahl bewußt niedriggehalten wurde. Bagger und Rammen verkauften sich besser. Für die Schürfraupe mußte

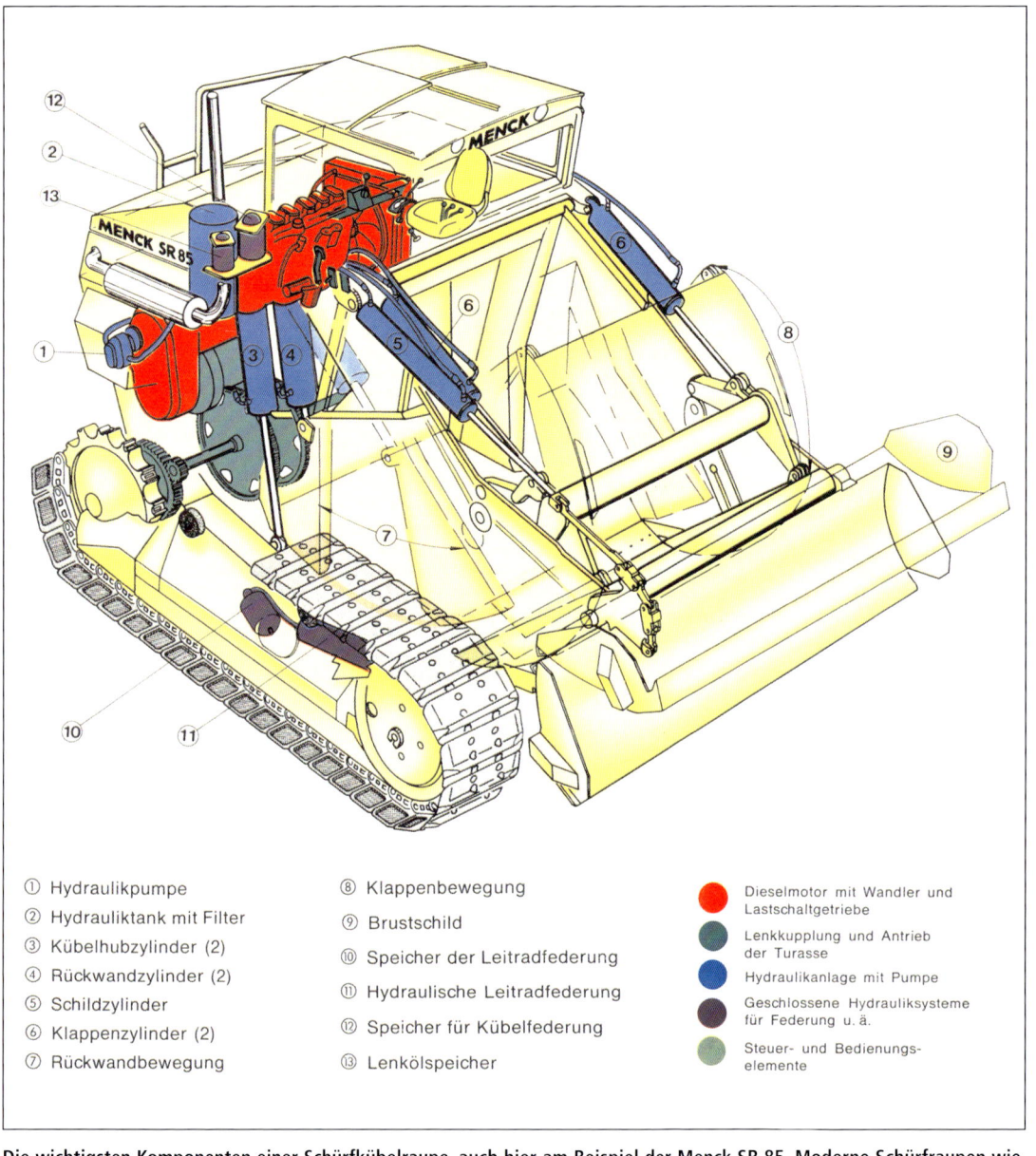

① Hydraulikpumpe
② Hydrauliktank mit Filter
③ Kübelhubzylinder (2)
④ Rückwandzylinder (2)
⑤ Schildzylinder
⑥ Klappenzylinder (2)
⑦ Rückwandbewegung
⑧ Klappenbewegung
⑨ Brustschild
⑩ Speicher der Leitradfederung
⑪ Hydraulische Leitradfederung
⑫ Speicher für Kübelfederung
⑬ Lenkölspeicher

- Dieselmotor mit Wandler und Lastschaltgetriebe
- Lenkkupplung und Antrieb der Turasse
- Hydraulikanlage mit Pumpe
- Geschlossene Hydrauliksysteme für Federung u. ä.
- Steuer- und Bedienungselemente

Die wichtigsten Komponenten einer Schürfkübelraupe, auch hier am Beispiel der Menck SR 85. Moderne Schürfraupen wie von Nippon Sharyo und Bührer sind durchaus ähnlich aufgebaut, denn das geniale Basiskonzept wurde beibehalten und ist kaum zu optimieren

viel „Aufklärungsarbeit" mitgeliefert werden, um der Maschine einen Käuferkreis zu erobern. Aber war die Maschine deswegen – vom Prinzipiellen her gesehen – schlechter? Um so mehr mußte man sich das fragen, da Schürfraupen später in Japan in großen Stückzahlen gebaut wurden und von dort aus stärker auf den europäischen Markt drangen – wenngleich auch billiger und zuverlässiger als die deutschen Urahnen.

## Geheimtip Schürfraupe

Besonders wegen der seit Jahren steil ansteigenden Personal- und Betriebskosten wird die Schürfraupe als universell einsetzbares Ein-Mann-Gerät, das fast alles kann, wieder interessanter. Schürfraupen gehören längst nicht zum alten Eisen, und die heute angebotenen Maschinen basieren auf moderner Technik. Was ist eine Schürfraupe? Eine Maschine auf Rau-

Plötzlich und endlich gab es wieder Schürfraupen, nun aber nicht mehr von Menck & Hambrock, sondern von Nippon Sharyo aus Japan stammend und von der schweizerischen Firma Frutiger Baumaschinen auf dem europäischen Markt angeboten. Die SR 2001 hat als eine der größten Schürfraupen immerhin 9,5 m$^3$ Kübelinhalt

Foto: Jürgen Flemming

1988 gesellte sich ein zweiter Hersteller in den exklusiven Kreis der Schürfraupenfamilie: Die schweizerische Firma Bührer brachte als Weiterentwicklung der Menck SR 85 die 23,6-t-Schürfraupe SR 928 auf den Markt, die mit Mercedes-Motor und ZF-Getriebe weitgehend auf deutschen Komponenten basierte

Schürfraupen sind wuchtige, hohe Maschinen. Um ihren Transport zu erleichtern und die Durchfahrhöhe zu verringern, wurde bei Menck das nach vorne klappbare Fahrerhaus konzipiert, hier an einer Nissha SR 2000 von Frutiger Baumaschinen

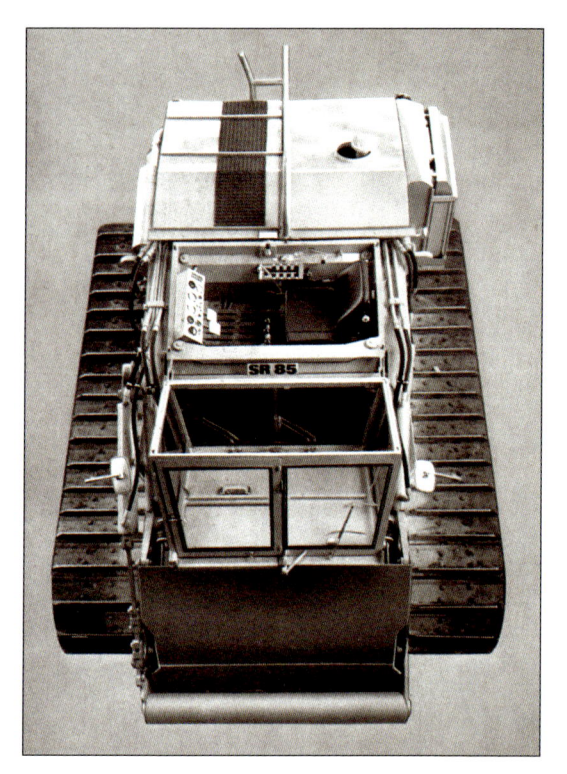

Das nach vorn über die Kübelöffnung geklappte Fahrerhaus der Menck SR 85 gibt den Blick auf den quer angeordneten Fahrerstand frei. Der Fahrer sitzt quer zur Fahrrichtung hoch in der Maschinenmitte, damit jederzeit ausgezeichnete Sicht nach vorn und hinten sowie in den Kübel, auf die Schneide und auf den Planierschild gewährleistet ist. Der Fahrer mußte zum Ein- und Aussteigen allerdings den Umweg über den Motor nehmen

penketten mit Planierschild und Aufreißer, die Boden löst, schürft, transportiert, aufschüttet und ebnet. Sie darf aber aus mehreren Gründen nicht mit Scrapern verwechselt werden: Scraper sind infolge ihrer Reifen nicht in der Lage, bei jedem Wetter auf nahezu sämtlichen Böden zu arbeiten oder Steigungen von 100 Prozent leer und 74 Prozent beladen zu erklettern. Scraper können weder den Boden mit einem Aufreißer lockern noch vor Kopf Haufen schütten.

Die wirtschaftlichsten Förderweiten der Schürfraupe betragen 50 bis 500 m, und in diesem Bereich ist die Schürfraupe anderen Erdbaumethoden durch niedrigste Kosten überlegen. Über diese Förderweiten soll die Schürfraupe pro gefördertem und eingebautem Kubikmeter sogar am kostengünstigsten sein, was scheinbar aus Konkurrenzgründen gerne von Betreibern verschwiegen wird.

Die Schürfraupe arbeitet als absolutes Sologerät, und das bei Regen, Schnee, Frost, in Ton, Lehm, Mergel, Sand, Erde, Kies. Auf alle anderen üblichen Lade- und Transportgeräte wie Planierraupe, Bagger, Radlader, Lkw, Muldenkipper und Grader wird verzichtet, auch die Pflege der Transportwege übernimmt die Schürfraupe selbst. Höchstens der Einsatz einer Walze kann zur Verdichtung des Einbaumaterials nötig sein.

Eine Schürfraupe besteht aus einem Grundrahmen, an dessen Seiten die an der Turasachse gelagerten, hydraulisch heb- und senkbaren Raupenfahrwerke angeordnet sind. Die vorderen Rahmenseiten bilden gleichzeitig die Seitenwände des Schürfkübels. Werden die Raupenketten hydraulisch angehoben, senkt sich der Kübel entsprechend bis unter Bodenniveau ab und ist bereit zum Schürfen.

Der gefüllte Kübel wird mit einer hydraulisch betätigten Klappe wie ein Scraperkübel geschlossen und mittels einer hydraulisch vorschiebbaren Rückwand entleert. Vor dem Kübel ist ein Planierschild angeordnet, zwischen Kübel und Schild der Aufreißer. Dieselmotor, Wandler und Getriebe befinden sich im Heck.

Oben über allem thront der Fahrer. Er sitzt quer zur Fahrtrichtung, um gleichermaßen guten Blick bei Vor- und Rückwärtsfahrt sowie auch in den Kübel zu haben. Verstellbarer Sitz mit Armlehnen und Beckengurt, Klimaanlage und Radio gehören heute zum Standard. Für den problemlosen Transport der Schürfraupe auf dem Tieflader kann die Komfortkabine nach vorn umgeklappt werden.

Damit bei bis zu 14 km/h schneller Fahrt mit 8 bis 10 $m^3$ Kübelfüllung Schläge wirksam abgedämpft werden, sind die Hubzylinder der beiden Raupenketten mit zwei hydraulischen Federspeichern gekoppelt. Diese Federspeicher schalten sich beim Schürfen und Planieren automatisch ab.

Da sich sämtliche wichtigen Komponenten wie Motor, Drehmomentwandler, Getriebe, Hydraulikanlage und hydraulische Lenkkupplungen sowie auch Lüfter- und Kühleranlagen am hoch gebauten Geräteheck befinden, ist bei der Wartung durch großdimensionierte Türen guter Zugang gegeben.

## Zügig durch Dick und Dünn

Die Maschinen schürfen je nach Fabrikat 400 bis 470 mm tief und füllen ihren Kübel in Abhängigkeit von Schürftiefe und Bodenart auf etwa 10 bis 25 m Strecke in nur 20 bis 30 Sekunden. Beim Entleeren kann entweder während der Fahrt beliebig flach ge-

Schürfraupen dürfen keinesfalls mit herkömmlichen Scrapern (Schürfzügen) verglichen werden, nicht nur wegen der Raupenfahrwerke und des Pendelverkehrs. Schürfraupen, hier die Menck SR 85, hinterlassen ein wesentlich saubereres Planum als Scraper, da sie präzise selektiv Schichten abschürfen können

Schön waren die Bilder, mit denen man bei Menck & Hambrock in den fünfziger Jahren die vielen Vorzüge dieser brandneuen und daher noch gänzlich unbekannten Maschinengattung darstellte: „Die Schürfraupe arbeitet unabhängig von anderen Geräten", hieß es. Gemeint waren damit Bagger, Muldenkipper und Planierraupe

Wieviel „wärmer" wirkten die Menck-Bilder gegenüber den „kalten" Computergraphiken von heute: „Die halbseitig gesperrte Straße wird begradigt, ohne den Verkehr zu stören, da die Schürfraupe als Arbeitsplatz nur ihre eigene Breite benötigt. Der Boden kann sowohl nach vorn wie nach hinten als auch in Seitenablagen gebracht werden."

Geübte Schürfraupenfahrer, hier mit einer Bührer SR 928, lassen die Maschinen in einem genauen Streifenmuster schürfen. Auf diese Weise können die verbliebenen, leicht erhöhten Streifen beim nächsten Arbeitsgang schnell abgetragen und in den Kübel geschürft werden, was die Taktzeiten weiter verkürzt und die Tagesleistungen steigert

Ebenfalls streifenförmig wird das geförderte Material mit Schürfraupen eingebaut. Der Fahrer dieser Menck SR 85 schüttet bei Rückwärtsfahrt sorgfältig einen Streifen parallel neben den anderen. Die Streifen der nächsten Lage werden in die Zwischenräume geschüttet. Das hinterläßt gleichmäßige Lagen und sorgt für eine gute Verzahnung der Schüttlagen

Besser und sicherer als jeder Muldenkipper und anders als Scraper fahren Schürfraupen wie diese Menck SR 53 unmittelbar an die Kippkante. Der Fahrer hat die Kante im Auge, so daß die Absturzgefahr im Vergleich zu rückwärts heranfahrenden Muldenkippern drastisch reduziert ist. Zudem können Schürfraupen auch steile Halden erklimmen und ihr Material oben abschütten

Schürfraupen können fast alles, doch manchmal kommen auch sie ins Schwitzen: Diese 175 PS starke und leer 18,6 t wiegende Menck SR 53 ächzte und stöhnte, als sie zur Schubunterstützung eines Terex-Doppelmotorenscrapers TS-14 zweckentfremdet wurde. Dennoch klappte alles bestens, und sogar der betagte Planierschild hielt dem wiederholten Schieben stand

Schürfraupen dienten sogar zur regelmäßigen Beladung von Lkw oder Muldenkippern in stationären Betrieben. Der Faun K 10 konnte unter diese knapp bemessene Rampe allerdings nur rückwärts rangieren, sonst wäre der Spiegel abgebrochen…

Links: Durch ihre eigentümliche Entleerung – abgeschüttet werden kann auch im Stillstand – beluden Menck-Schürfraupen sogar Lkw. Das an einem Steilhang von den Schürfraupen abgetragene Material wurde auf einer Holzrampe auf Lkw übergeben, die den Transport über mehr als 2 km Distanz besser und schneller erledigten

schüttet und gleichzeitig bei Rückwärtsfahrt mit dem Schild geebnet oder aber vor Kopf 1,8 m hoch geschüttet werden. Auf diese Weise schütten Schürfraupen sowohl große Flächen als auch Schüttdämme im Alleingang an.

Vorteilhaft ist auch, daß Schürfraupen bis zur Böschungs- bzw. Schüttkante vorfahren können und ihre Kübelfüllung über diese Kante ausschütten. Eine Planierraupe zum Abschieben des Materials über die Böschungskante erübrigt sich deshalb.

Während der „leeren" Rückwärtsfahrt kann hartes Material in der Schürfzone mit dem Aufreißer gelockert und anschließend bei Vorwärtsfahrt geschürft werden. Kein anderes Fördergerät ist dabei in der Lage, Steigungen von bis zu 100 Prozent – dies entspricht 45 Grad – und über 1 m Wattiefe in Wasser und Schlamm bewältigen zu können. Mit Watausrüstung sind sogar 1,8 m Wassertiefe ungefährlich.

Über kurze Distanzen fördert eine Schürfraupe mehr Material als vergleichbar große Planierraupen, da ihr außer dem Schild der geöffnete Kübel zur Verfügung steht, aus dem seitlich kein Material abfließen kann. Über mittlere und längere Transportdistanzen bewährt sich gegenüber Lkw und Knicklenkern der Pendelverkehr: Er erübrigt das Wenden des Gerätes, spart somit Zeit, schont den Untergrund und bedingt nur geringen Verschleiß der Raupenfahrwerke.

Natürlich ist die stündliche Förderleistung von Boden, Steigungen und Gefällen abhängig. In der Ebene fördert beispielsweise eine 9,25 m$^3$ fassende, moderne Schürfraupe bei 300 m Förderweite etwa 120 m$^3$/h, bei 100 m Förderweite sind es bereits rund 200 m$^3$/h und bei 50 m zwischen 200 und 300 m$^3$/h. Dabei ist zu bedenken, daß diese Leistungen nur ein Mann und ein Gerät erbringen. Dementsprechend gering sind gegenüber anderen Lade- und Fördersystemen die Lohn- und Betriebskosten.

Die Technik heutiger Schürfraupen erlaubt ausreichend genaues Arbeiten, um mit Laserführung exakte Planumsarbeiten beim Flug- und Sportplatz- oder Gewerbeflächenbau durchführen zu können. Präzise sind Bodenschichten selektiv, also lagenweise abzutragen und wieder aufzuschütten. Verunreinigungen oder Mischungen mit der Unterschicht werden dabei weitgehend vermieden.

Beim Autobahn-, Straßen- und Gleisbau sind Schürfraupen oft günstiger als andere Maschinen einzusetzen, weil sie ausschließlich bei Vor- und Rückwärtsfahrt arbeiten und Wendemanöver entfallen. Durch ihre Wetterunabhängigkeit in Verbindung mit der Steigfähigkeit gelangen Schürfraupen nicht nur in der Gips-, Ton- und verwandten Rohstoffgewinnung sowie bei der Abraumförderung zum Einsatz, sondern auch im Deponiebau beim Anlegen großer Flächen und steiler Böschungen.

### Eine der ersten deutschen Baumaschinen

Die Geschichte der Schürfraupe beginnt schon 1930 mit einer Studienreise des Hamburger Ingenieurs Hugo Cordes, eines Enkels des legendären Gründers der Menck-Werke, in die USA, um die Vorzüge des gleislosen Erdbaus für deutsche Zwecke zu untersuchen. Es ging darum, Schürfgeräte für den Erdbau zu entwickeln, die den deutschen Erdbaustellen besser gerecht werden konnten als die Schürfwagen amerikanischer Produktion, die an Raupenschlepper angehängt wurden.

Auf diese Weise entstanden die ersten deutschen Anhängescraper. Sie schürften den Boden mit horizontal gestelltem, birnenförmigem Kübel, stellten diesen zum Transport senkrecht und kippten das Material zur Entleerung einfach aus. Später wandelten sich die Einachsgeräte zu damals schon hydraulisch betätigten Zweiachsanhängern, wobei das „Schluck-Prinzip" zunächst beibehalten wurde.

1938 fand eine Besprechung mit dem von Adolf Hitler ernannten Generalinspekteur für das Straßenwesen und Leiter des Autobahnbaues Fritz Todt statt, in dessen Folge Menck und Kaelble Aufträge zur Entwicklung gleisloser Lade- und Transportfahrzeuge erhielten.

Daher finden wir den „Schluckkübel" nun in einen Raupenschlepper integriert – Raupenschlepper und Anhängescraper waren zur Schürfraupe vereinigt. Der Kübel wurde teils hydraulisch, teils mit Seilzug bewegt. Dies war der Vorläufer der Schürfraupe. Das Gerät erwies sich aber als zu klein, so daß eine größere und verbesserte Variante entwickelt wurde. Noch immer blieb man beim „Schluckkübel", setzte jedoch zur universelleren Verwendung einen Planierschild davor. Der Motor war hinten quer angeordnet, und der Fahrer saß über dem Antriebsaggregat und hinter dem Kübel. Acht solcher Menck-Schürfraupen gelangten im Zweiten Weltkrieg in Rußland und Afrika zum Einsatz.

Nach dem Krieg erschien die erste echte Schürfraupe, die SR 43, mit geteiltem Planierschild, nun aber anstelle des Schluckkübels mit einem richtigen Schürfkübel ausgerüstet, wie ihn auch ausländische

# Schürfe systematisch!

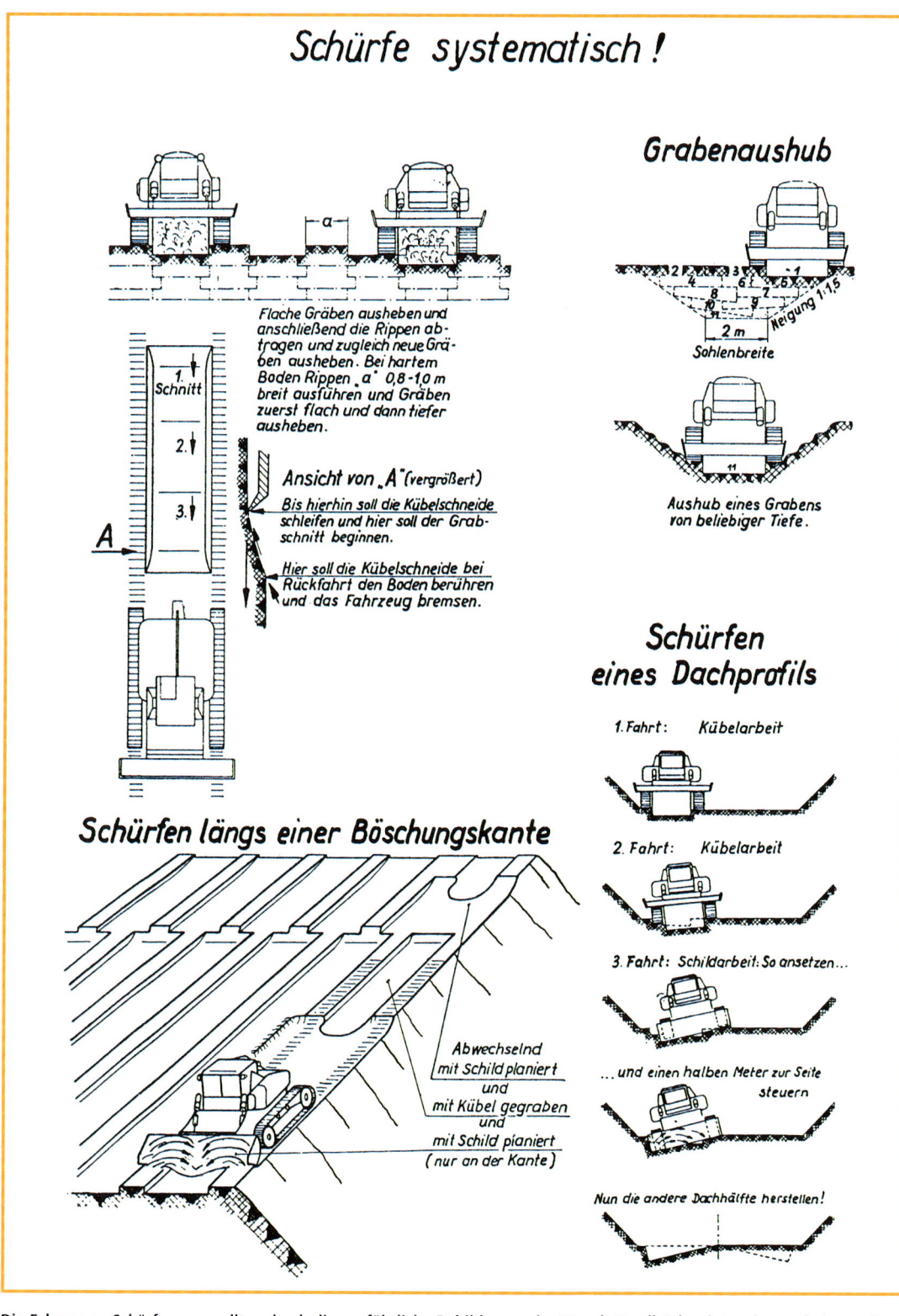

## Grabenaushub

Sohlenbreite 2 m, Neigung 1:1,5

Aushub eines Grabens von beliebiger Tiefe.

Flache Gräben ausheben und anschließend die Rippen abtragen und zugleich neue Gräben ausheben. Bei hartem Boden Rippen „a" 0,8–1,0 m breit ausführen und Gräben zuerst flach und dann tiefer ausheben.

### Ansicht von „A" (vergrößert)

Bis hierhin soll die Kübelschneide schleifen und hier soll der Grabschnitt beginnen.

Hier soll die Kübelschneide bei Rückfahrt den Boden berühren und das Fahrzeug bremsen.

## Schürfen eines Dachprofils

1. Fahrt: Kübelarbeit
2. Fahrt: Kübelarbeit
3. Fahrt: Schildarbeit: So ansetzen...

...und einen halben Meter zur Seite steuern

Nun die andere Dachhälfte herstellen!

## Schürfen längs einer Böschungskante

Abwechselnd mit Schild planiert und mit Kübel gegraben und mit Schild planiert (nur an der Kante)

Die Fahrer von Schürfraupen sollten durch die ausführliche Bebilderung der Menck-Handbücher intensiv geschult werden.

## Schürfe abwärts!

Nur bei kleiner Förderweite gräbt man in horizontalen Schichten.

Bei großer Förderweite und festem oder rolligem Boden gräbt man abwärts, da die Grabkraft durch Schürfen bei Talfahrt gesteigert wird. (z.B. um 60 % bei 25 % Gefälle).

Zwar mindert sich die Fahrtenzahl
um etwa 12 % bei 50 m Förderweite
" " 6 % " 100 "
" " 4 % " 200 "
" " 3 % " 300 "
doch verbessert sich die Kübelfüllung meist erheblich mehr, sodaß ein Leistungsgewinn entsteht

Schürfweg (ca. 12 m)

Neigung der Schürffläche bei hartem, trockenem Boden bis 33 %
Neigung der Schürffläche bei weichem, schlüpfrigem Boden bis 25 %

Ansetzen des Schnittes an der oberen Kante:
Nach je 2 Schnitten so hoch fahren,
daß die Maschine überkippt und etwa
4 m vor der Böschungskante ansetzen.

## Schürfen bei Bergaufförderung   a) ohne Spitzkehre

Umschalten in Transportgang

Steigung im Schürfgang nehmen. Kein Schalten.

Schürfen in horizontalen oder leicht abwärts geneigten Schichten gibt bessere Kübelfüllung als Bergaufschürfen.

Fahrfläche:
Bei hartem, trockenem Boden ~ 25 %
Bei weichem, nassen Boden ~ 20 %

Horizontaler Schürfweg z.B. 15 m

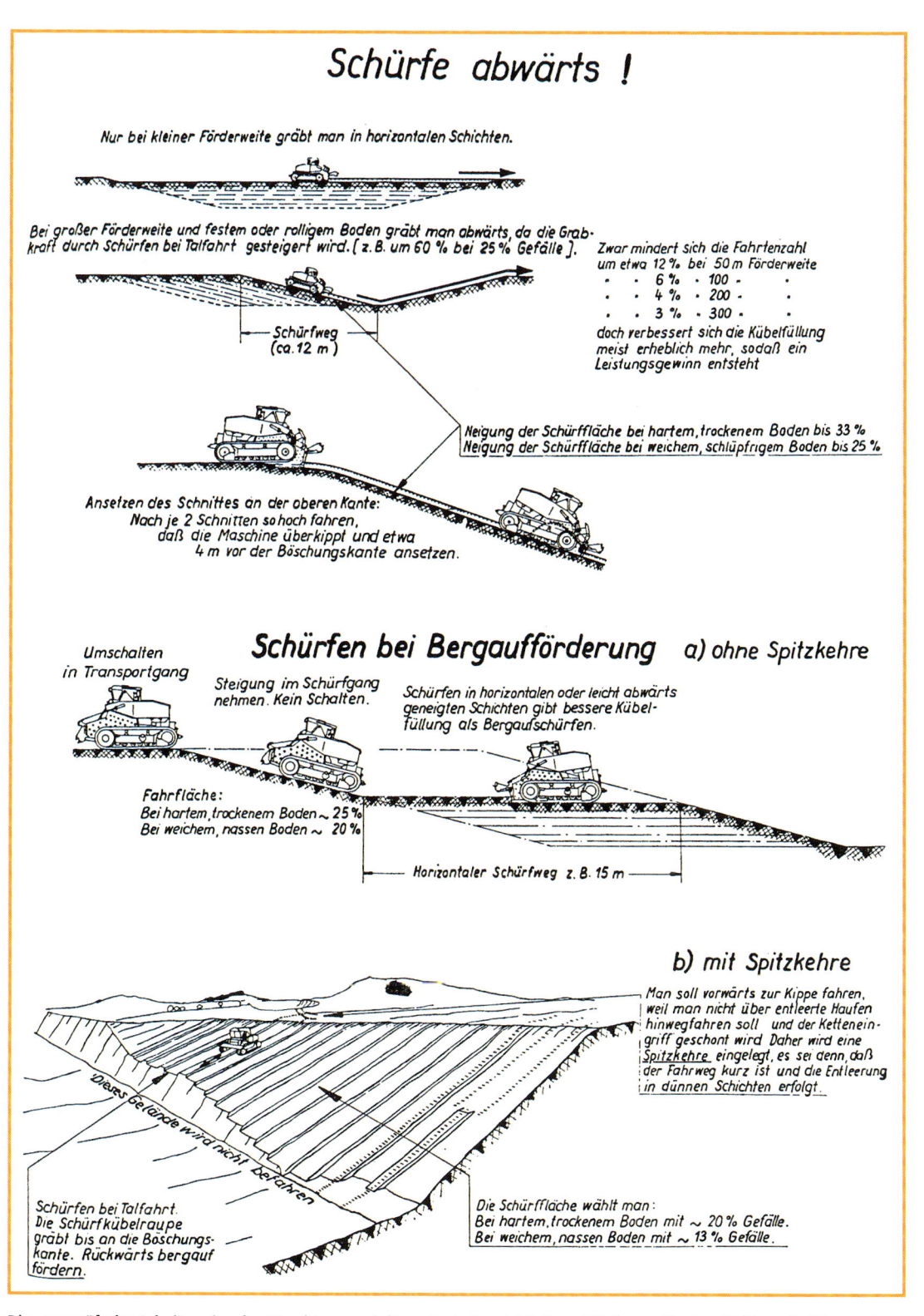

### b) mit Spitzkehre

Man soll vorwärts zur Kippe fahren, weil man nicht über entleerte Haufen hinwegfahren soll und der Ketteneingriff geschont wird. Daher wird eine Spitzkehre eingelegt, es sei denn, daß der Fahrweg kurz ist und die Entleerung in dünnen Schichten erfolgt.

Dieses Gelände wird nicht befahren

Schürfen bei Talfahrt.
Die Schürfkübelraupe gräbt bis an die Böschungskante. Rückwärts bergauf fördern.

Die Schürffläche wählt man:
Bei hartem, trockenem Boden mit ~ 20 % Gefälle.
Bei weichem, nassen Boden mit ~ 13 % Gefälle.

Die ausgetüftelte Arbeitsweise der Maschinen und die optimierten Schürf- und Einbaumethoden dürften möglicherweise manchen Fahrer, der sich vor'm Auswendiglernen scheute, überfordert haben.

Bei den ersten Menck-Scrapern, die auf nur einer Achse rollten und 1 m³ faßten, dachte man an eine Art „Güterzug", der aus mehreren kleinen Anhängern bestand und von einer 50-PS-Hanomag-Raupe gezogen wurde. Diese Gerätekombination, der Feldbahn mit Lokomotive und Kipploren nachempfunden, transportierte den Boden ebenfalls in „kleinen Portionen", nur mit dem Unterschied, daß sich die Schürfanhänger selbst beladen konnten

Scraper hatten, nämlich mit vorn abschließender Klappe und hinten eingebautem Schieber.

1942 mauserte sich die Schürfraupe zur „Menck-Schürfkübelraupe". Sie wog 16 t, hatte 5 m³ Inhalt und wurde von einem 115-PS-Diesel angetrieben. Die Weiterentwicklung wurde jetzt vom Konstruktionsbüro Cordes betrieben. Anfang der fünfziger Jahre war Menck bereit, die Raupe unter Lizenz von Cordes zu bauen, sofern sich drei Kunden fänden.

Es kamen aber gleich zehn Interessenten zusammen, und so präsentierte Menck auf der Hannover-Messe stolz die SR 53, aus der alle anderen Menck-Schürfraupen entstanden. Vornehmlich in den fünfziger Jahren wurden die geländetüchtigen, watfähigen und kletterfreudigen Menck-Schürfraupen zum festen Bestandteil vieler deutscher Erdbaustellen. In der Fachpresse wurden die Maschinen so bezeichnet: „Schürfraupe System Cordes, Fabrikat Menck & Hambrock".

Interessant ist ein Blick auf die Typenbezeichnungen: Die erste Schürfraupe befand sich ab 1939 als SR 39 in der Erprobung. Jahreszahlen als Typenbezeichnungen wurden bei den Schürfraupen beibehalten, denn noch zu Kriegszeiten folgte die SR 43 und 1953 die SR 53.

Die SR 53 wandelte sich 1967 zur SR 65, wobei die Benennung sich nun am Schürfkübelinhalt von 6,5 m³ orientierte. Die 200 PS starke Schürfraupe war technisch fortgeschritten: Gummigefederte Antriebsturasse fingen Schläge im Raupenfahrwerk ab. Der Schürfkübel war während der Fahrt gas-hydraulisch gefedert. Wenige Jahre später folgte der SR 65 die ebenfalls vom Ingenieur Hugo Cordes konstruierte, noch größere SR 85 mit 8,5 m³ Kübelinhalt.

Schon 1957 übernahm Edwin A. Frutiger die Menck-Generalvertretung in der Schweiz und führte hier die Schürfkübelraupen ein. Unter seiner Mithilfe waren Anfang der sechziger Jahre Lizenzverhandlungen zwischen Menck & Hambrock und der japanischen Firma Nippon Sharyo Seizo Kaisha, Ltd. (abgekürzt Nissha genannt) soweit gediehen, daß die Japaner sich nach Besichtigung der Maschinen auf schwierigen Geröll- und Felsbaustellen in der Schweiz zur Lizenzfertigung entschlossen.

Nach der Produktionseinstellung bei Menck 1979 übernahmen ausschließlich die Japaner die Großserienfertigung von Schürfraupen. Die schweizerische Firma M. Bührer kaufte im gleichen Jahr von Menck die Lizenz für Bau und Vertrieb der Schürfraupe SR 85 in Europa.

Baute Menck insgesamt nur etwa 350 Schürfraupen, so fertigte Nippon Sharyo bereits bis 1988 über 2000 Maschinen. Wie eng die Verwandtschaft zu den Menck-Schürfraupen ist, zeigen nicht nur die Typenbezeichnungen mit dem Kürzel SR, die von der Menck SR 531, SR 65 und SR 85 über die japanischen

So beschrieb Menck & Hambrock im Jahre 1936 Funktion und Vorteile des ersten deutschen Scrapers samt eigentümlichem „Schlucken":

### Der Schürfwagen

Menck's 4 cbm Schürfwagen (DRP.angem.), mit einem Raupenschlepper als Zugmaschine, ist ein Bagger, welcher in seiner Arbeitsweise dem Eimerseilbagger ähnelt, gleichzeitig aber auch alle Vorzüge des geländegängigen gleislosen Transportfahrzeuges aufweist. Sein Arbeitsbereich ist nicht durch die Reichweite eines Auslegers begrenzt, sondern die gebaggerten Massen können unmittelbar auf Entfernungen bis zu mehreren hundert Metern abgefahren werden.

Von Gleisen und festen Wegen unabhängig, ist er sofort einsatzfertig und auch dann geeignet, wenn nur einige tausend Kubikmeter bewegt werden sollen und diese u. U. an verschiedenen Stellen gekippt werden müssen. Unter Berücksichtigung dieser besonderen Merkmale ist der Schürfwagen das gegebene Gerät:

1. für die Ausführung niedriger Abträge bei Entfernungen zur Kippe von einigen hundert Metern. Die wirtschaftliche Grenze liegt im allgemeinen bei einer mittleren Entfernung von etwa 600 m.

2. für den sauberen Abhub oder Auftrag von Bodenschichten, wie Mutterboden, Zwischenmittel u. a. Der Kübel des Schürfwagens wird beim Graben im Fahrzeug sicher geführt, und die eingestellte Grabtiefe wird gleichmäßig eingehalten.

Mit einem 50 PS-Raupenschlepper als Zugmaschine hat der Schürfwagen die Reißkraft eines kleinen Baggers. Er eignet sich grundsätzlich zum Baggern jeder Art schnittfähigen Bodens. In schwerem Boden ist der Einsatz durch die Zugkraft des verwendeten Schleppers begrenzt. Der Schlepperzug kann durch Vorspann vergrößert oder der Boden durch Aufreißen vorgelockert werden. Bei auftretenden Hindernissen kann der Schlepperführer den Kübel durch Drucköl sofort anheben. Größere Steine können durch seitlich gelegte Schnitte frei gegraben werden. Für Felsbaggerungen eignet sich das Gerät nicht; in reinem Ton ist die Leistung nicht gut.

Böschungen können im Abtrag und Auftrag bis 1:3 hergestellt werden. Hierbei ist es zweckmäßig, die leicht umsteckbaren Hinterräder auf breite Spur zu setzen, da die Seitenstabilität dadurch erhöht wird. Im Abtrag lassen sich Böschungen bis 1:2 erzielen, wenn die Hinterräder auf schmale Spur gesetzt sind. Ist der Boden wenig tragfähig, so können hinten 4 Räder, die paarweise in Schwingen gelagert sind, angebracht werden. Die Hinterräder haben Riesenluftreifen und können mit Bremsen versehen werden. Die Vorderräder sind Walzenräder. Sie sollen das schichtweise aufgetragene Schüttgut verdichten und den Fahrweg ebnen.

Um eine gute Füllung des Schürfkübels zu erzielen, wird der Grabvorgang 1- bis 3mal unterbrochen und der Kübel so weit angehoben, daß das auf den Zähnen liegende, gelöste Material in den hinteren Teil des Kübels rutschen kann. Diesen Vorgang, Schlucken genannt, steuert der Führer des Schleppers von seinem Sitz aus. Während des Transportes ist die Schneidkante so hoch angehoben, daß kein Ladegut verlorengeht.

Der „Menck-Schürfwagen" von 1936 war der direkte Vorläufer aller Schürfraupen, auch wenn man dies aus den ersten Blick nicht vermuten würde. Die Weiterentwicklung des „Schürfwagens" führte schon bald zu Raupenfahrwerken und zum typischen Kübel der späteren Schürfraupen

Die Bodenfreiheit ist ausreichend und kann durch Anheben des Kübels während der Fahrt noch vergrößert werden. Beim Entleeren des gebaggerten Gutes wird der offene, glatte Kübel so stark gekippt, daß auch klebriger Boden gut herausfällt. Das Schüttgut wird durch die Schneidkante des Kübels eingeebnet. Nacharbeiten für die Einebnung sind im allgemeinen nur nach Fertigstellung der Aufschüttung nötig und werden dann am besten durch die Planierraupe ausgeführt.

Die Bewegung des Schürfkübels in die Grab-, Schluck-, Transport- und Entleerstellung wird durch 2 Öldruckzylinder, die von einer Zahnradpumpe am Schlepper gespeist werden, in Verbindung mit einer elektrisch gesteuerten Verriegelung bewirkt. Die Bedienung erfolgt durch den Schlepperführer. Der

Der von einem Raupenschlepper gezogene „Menck-Schürfwagen" faßte 4 m³, rollte auf vier großen Stahlrädern und war „ein Grabgerät, das gleichzeitig als gleisloses Fördermittel und als Walze dient". Eigentlich war die Idee des Anhängescrapers keinesfalls neu, sondern stammte aus den Vereinigten Staaten, wo Tausende solcher Geräte den Erd- und Tiefbau revolutionierten

Schürfwagen und Raupenschlepper bildeten eine wendige Gerätekombination. Anhand solcher Abbildungen konnte Menck & Hambrock auf den ersten Blick die Vorzüge des „gleislosen Erdbaues" gegenüber den starren Schienensträngen des Feldbahnbetriebes darstellen

Auch wenn dies nach einem konventionellen Scraper aussieht, hatte es der Kübel des „Menck-Schürfwagens" durchaus in sich: Beim Schürfen mußte der Kübel zwischendurch zwei- bis dreimal aufgerichtet werden, um das sich vorn stauende Material in den hinteren Kübelraum zu schütten – das wurde „Schluckbewegung" genannt

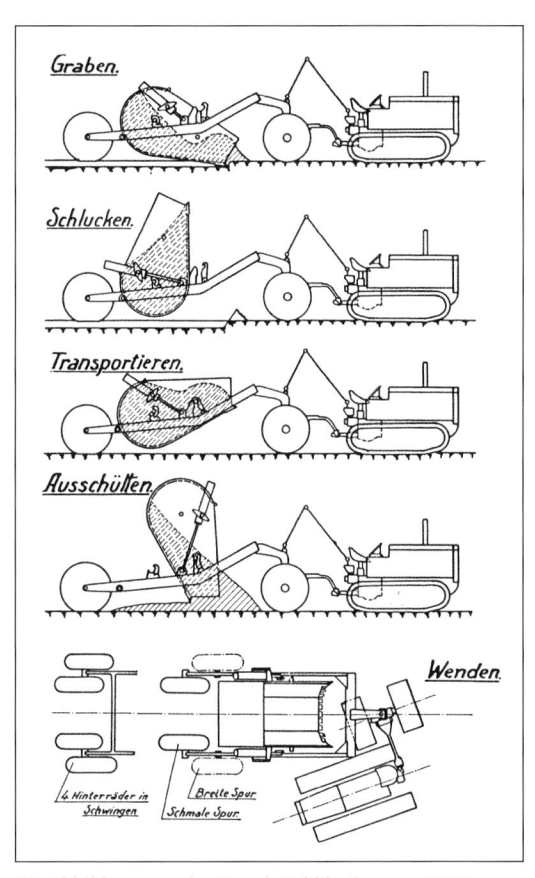

Die Abbildung aus der Menck-Publikation von 1936 zeigt deutlich die eigentümliche „Schluckbewegung" des Schürfwagens. Das „Schlucken" war natürlich zeitraubend und unterbrach das Schürfen, besonders, wenn der Bodenabtrag an der „Schluckstelle" ausblieb oder der Raupenschlepper während des „Schluckens" eigens anhielt

Der linke Schürfwagen „schluckt" gerade, der rechte schürft. „Kennzeichnend ist das sogenannte ‚Schlucken', d.h. der Grabvorgang wird nach Bedarf unterbrochen, der Kübel so weit angehoben, daß das am Kübeleingang liegende Material in den hinteren Teil des Kübels fällt", so eine Beschreibung von 1939. Der Schürfraupen-Erfinder Dipl. Ing. Hugo Cordes (in der Bildmitte) begutachtete diesen Einsatz in Portugal.

Schürfwagen wird nur aus hochwertigen Materialien, weitgehend elektrisch geschweißt, hergestellt.

Der Transport zur Baustelle geschieht ohne Abbau einzelner Teile auf der Eisenbahn, durch Lastwagen oder durch den Raupenschlepper selbst auf der Landstraße. Einfachheit und Schnelligkeit des Transportes und der Fortfall jeglicher Vorbereitungsarbeiten erleichtern den Einsatz von Schürfwagenzügen auch bei kleineren Bauvorhaben.

Bei mittleren Bodenarten und 7,5 km Transportgeschwindigkeit werden in 8 Stunden etwa folgende Leistungen erzielt (mittlere Entfernung zwischen Beladestelle und Entladestelle in m; Leistung in cbm gelösten Bodens):

| | |
|---|---|
| 25 m | 340 cbm |
| 50 m | 310 cbm |
| 100 m | 280 cbm |
| 150 m | 240 cbm |
| 300 m | 160 cbm |
| 500 m | 120 cbm |
| 800 m | 85 cbm |
| 1000 m | 75 cbm |

Verringerte Fahrgeschwindigkeit setzt die Leistungen bei größeren Entfernungen etwas herab.

Die Leistungen sind natürlich niedriger, als bei einem Bagger mit gleich starkem Motor. Es muß aber berücksichtigt werden, daß in ihnen die Transportleistungen auf erhebliche Entfernungen eingeschlossen sind und daß die bei Arbeiten vorstehend geschilderter Art erfahrungsgemäß erheblichen Nebenkosten für Gleis, Rollwagen, Kippmannschaften usw. ganz in Fortfall kommen. Ein Schürfwagenzug ist ganz unabhängig von anderen Geräten; zu seiner Bedienung ist nur ein Mann erforderlich.

Schürfwagenzüge werden auch durch Bagger beladen, wenn der Boden zu schwer oder die Baugrube zu beengt ist, so daß sie nicht selbst baggern können. Sie dienen dann als gleislose Fahrzeuge, die keine befestigte Fahrbahn brauchen, große Steigungen und scharfe Kurven nehmen, das Baggergut schnell entleeren, es schichtweise einebnen und verdichten. In diesem Falle wird zweckmäßig zum Schutz der Druckzylinder ein Kübelaufsatz angebracht und einige dann überflüssige Hebel werden abgenommen.

Außerdem kann der Schlepper allein jederzeit als Zugmaschine für Transportzwecke, Rodungsarbeiten und dergleichen verwendet werden. Auch kann er nach Anbau eines Brustschildes als Planierraupe arbeiten. Das Abhängen des Schürfwagens ist einfach und schnell auszuführen.

Der Schürfwagen ist ein vielseitiges und leistungsfähiges Gerät und eine wertvolle Ergänzung des Maschinenparks.

Durch die ausgetüftelte Kübelaufhängung des Schürfwagens konnte sowohl das „Schlucken" als auch das Ausschütten mit den auf beiden Seiten angeordneten Hydraulikzylindern durchgeführt werden. Dieses Merkmal machte den Schürfwagen zum wohl ungewöhnlichsten Anhängescraper aller Zeiten!

Aus dem Schürfwagen entwickelte Dipl. Ing. Hugo Cordes 1938 die sogenannte „Schluckraupe" – erstmals war der Schürfkübel in einen Raupenschlepper integriert. Einsatzfotos sind nicht bekannt, doch führte die seltsam anmutende Konstruktion direkt zur Idee der Schürfraupe. Das „Schluckprinzip" störte aber das eigentliche Schürfen zu sehr, so daß später nicht mehr „geschluckt" wurde

Auch wenn die SR 39 noch einen seitlich angeordneten Schwenkkran für Pionierarbeiten besaß, so wies sie doch schon starke Ähnlichkeit mit ihren Nachfolgern auf. Nur bei hochgestelltem Räumschild und weit geöffnetem Kübeltor konnte man irrtümlicherweise noch an das seltsame „Schlucken" erinnert werden. Bis 1942 verließen 40 dieser Raupen das Menck-Werk

1939 stellte der „Vater der Schürfraupe", Hugo Cordes, den Urahnen dieser eigentümlichen Maschinengattung fertig: Die SR 39 wurde von Menck & Hambrock in Hamburg-Altona getestet. Sie wog 16 t, hatte einen Kübel mit 5 m³ Inhalt und einen 115 PS starken Dieselmotor

SR 40, SR 140, SR 264, SR 2000 und die neue SR 2001 bis hin zur Bührer SR 928 beibehalten wurden. Auch die Illustrationen zur Arbeitsweise wurden in Originalform von Nippon Sharyo, Frutiger und Bührer aus den ursprünglichen Menck-Handbüchern kopiert.

## Wiedergeburt der Schürfraupen

Mit der Überschrift „Warum gerade aus Japan?" berichtete 1980 eine deutsche Fachzeitschrift über die neue Schürfraupe SR 264 B: „Schon immer hat die Menck-Schürfraupe ein wenig unter dem Bibelwort gelitten, daß der Prophet nichts in seinem Lande gilt. Sicher war das nicht der einzige Grund, aber es mußte doch befremden, daß man auf europäischen Baustellen hier und da nur eine einzige Schürfraupe fand und dann meist einzeln eingesetzt, während in Japan Erdbaustellen mit 25 bis 30 solcher Raupen keine Seltenheit waren."

Die Schürfraupe nahm zunehmend Gestalt an: Die SR 43 war die erste echte Schürfraupe, zwar noch mit geteiltem Planierschild, nun aber mit einem nur wenig neigbaren Schürfkübel ausgestattet, wie ihn auch amerikanische Scraper hatten. Das Dach konnte halbseitig aufgeklappt werden – im Sommer eine Frischluft-Klimaanlage!

„Hier spielen natürlich auch die topographischen Gegebenheiten mit hinein, und eine so ‚kurzwellige‘ Oberflächenstruktur, wie sie in Japan häufig zu finden ist, gibt es bei uns kaum. Kurzwelligkeit bedeutet dann auch: geringe Förderweiten für den Massenausgleich und (zumindest am Anfang) große Steigungen; Bedingungen, die gegen die Scraper und für den Scrapedozer-Einsatz sprechen."

„Entscheidend dürfte jedoch gewesen sein, daß die Japaner von Anfang an mit ganz anderem Elan an das Schürfraupengeschäft herangegangen sind. Während bei uns 24 Raupen im Jahr gefertigt wurden, waren es in Japan 350. Man bedenke auch, welch ‚schwierige Geburt‘ es war, bis die erste SR 85 mit Drehmomentwandler und Powershift-Getriebe auf den Markt kam, und man beachte, mit welcher Konsequenz die Japaner eben jene Attribute für die SR 264 B ablehnten: Sie wollten eine konstruktiv einfache und robuste Maschine bauen und vermieden jede ‚modische Attraktion‘ die nur zusätzliche Störungsquellen hatte. Und in der Tat ist ja auch bei vielen Schürfraupenfreunden nach wie vor umstritten, ob ein Wandler bei dieser Art von Maschine angebracht ist. Diese Frage gewinnt schließlich auch im Zeitalter des Energiesparens erneut an Bedeutung."

„Die Japaner haben sich der Schürfraupe sofort mit großer ‚Liebe‘ angenommen. Dort war sie nicht nur ein geduldetes Kind, mit dem keiner so recht spielen wollte, sondern man erkannte ihre Vorteile schnell. So ist bemerkenswert, daß die Japaner schon vor zehn Jahren geräuscharme Laufwerke für die Schürfraupe entwickelten, daß sie neue Wege in der Verwendung von Kunststoff bei den Raupenketten gingen, und daß auch der Gedanke der ‚Moorraupe‘, wie die SR 140 hieß, also einer Raupe mit überbreiten Ketten und extrem geringem Bodendruck in Japan groß geworden und entwickelt worden ist."

„Ja selbst die ‚kleine‘ Schürfraupe, die SR 40, wurde in Japan zur Welt gebracht. Das alles war für das Mutterwerk zu schwierig und scheiterte an internen Hindernissen. Insgesamt kann es nur begrüßt werden, wenn nicht nur hier und da geniale Ideen entstehen, sondern wenn sich dann auch immer jemand findet, der etwas daraus macht – einen Markterfolg. Die Menck-Schürfraupe konnte dieses Ziel nicht erreichen, die japanischen Schürfraupen – die SR 40, SR 140 und SR 264 B – wurden zumindest vorerst im fernöstlichen Raum ein durchaus interessanter Verkaufsschlager. Und die SR 264 B wird sicher nicht die letzte Schürfraupe sein, die aus Japan kommt."

Dies Voraussage stimmte, denn Frutiger lieferte inzwischen ganze Flotten japanischer Schürfraupen auf Baustellen und in Gewinnungsbetriebe in ganz

Die SR 43 war eine bestens durchkonstruierte Schürfraupe, allerdings mit Seilwinde und Tiefwateinrichtung noch zu Kriegszeiten als Pioniermaschine vorgesehen.
Die Wartungszugänglichkeit zu Motor und Hydraulik erscheint vorbildlich, auch im Vergleich zu modernen Baumaschinen unserer Zeit

Spätere Versionen der SR 43 besaßen zwar nach wie vor einen geteilten Planierschild, der aber wesentlich größer und so für echte Planier- und Schubarbeiten geeignet war. Aufgrund des damals noch vergleichsweise „schwachen" Öldrucks waren die Hydraulikzylinder ungewöhnlich groß dimensioniert, um die benötigten Kräfte aufbringen zu können

In der Nachkriegszeit wurden einige der wenigen SR 43 für die Trümmerbeseitigung herangezogen. Während hier nahe des Hamburger Tierparkes Hagenbeck Elefanten Betonbrocken zogen, ebnete eine „elefantenstarke" SR 43 den Boden. Vor Kriegsende wurden bei Menck nur acht dieser Schürfraupen fertiggestellt. Es sollte einige Jahre dauern, bis das Konzept weiter verfolgt wurde

Bullig und mit ihrem scharfkantigen „Maul" hungrig auf frisches Erdreich lauernd – so wirkte die neue SR 53. Der Kübel der ohne Ladung fast 20 t wiegenden, von einem luftgekühlten und daher laut heulenden 120-PS-Deutz-Dieselmotor angetriebenen Schürfraupe nahm 6,5 m³ Erdreich auf – in einem „Happen", ohne das früher unvermeidliche „Schlucken"

Die SR 53 war eine der wenigen äußerst innovativen Baumaschinen deutscher Produktion, vollkommen anders als alle anderen ausländischen Maschinen. Sie war auf die Witterungsverhältnisse Europas zugeschnitten und konnte gegenüber normalen Scrapern im Pendelverkehr ohne Wendemanöver arbeiten. Nachteilig waren allerdings ihr hohes Eigengewicht und das mit 11,5 km/h gemächliche Arbeitstempo

Triumphzug hochmoderner deutscher Baumaschinentechnik: Unter dem Jubel der Volksmassen übernahmen die in Hamburg produzierten Menck-Schürfraupen SR 53 im gerade mal 30 km entfernten Geesthacht den „1. Spatenstich" zum Bau des berühmten Pumpspeicherwerkes. Solche Maßnahmen erhöhten den Bekanntheitsgrad der Schürfraupen beträchtlich

Um den zu schürfenden Boden bei Bedarf gut auflockern und die Leer-Rückfahrt auf diese Weise sinnvoll nutzen zu können, experimentierte Menck an der SR 53 mit unterschiedlichen Reißsystemen, hier um 1959 eine „Universal-Aufreißeinrichtung mit seitlichen Spurreißern", die eine vertiefe Fahrspur für die Raupenfahrwerke anlegen sollte. Die Konstruktion bewährte sich jedoch nicht

Kompakt, weniger wie eine Baumaschine, sondern fast Panzer-ähnlich wirkte die SR 53 besonders von hinten. In annähernd „Würfelmaßen" von 5,8 m Länge, 3,1 m Breite und 3,33 m Höhe waren 6,5 m³ Kübelinhalt, Fahrerplatz, 175-PS-Motor und Getriebe untergebracht. Da der Schwerpunkt immer zwischen den Raupenfahrwerken lag, konnten Neigungen bis zu 55 Prozent bewältigt werden

Europa. Erfreulich war, daß der „Kilopreis" der neuen Schürfraupen deutlich unter dem der Menck SR 85 lag. Man kaufte zwar eine Schürfraupe nicht wie ein Stück Wurst, aber der Vergleich über den Kilopreis wurde doch immer wieder angestellt. Das sah dann so aus: SR 85 etwa 24 DM/kg, SR 264 B etwa 14 DM/kg. Hinter dem viel günstigeren Wert für die SR 264 B verbarg sich die wesentlich höhere Stückzahl der japanischen Produktion.

Markantester Unterschied zwischen den deutschen und den japanischen Modellen war die Ausbildung der Raupenfahrwerke. Hatten die deutschen Maschinen noch einteilige, gegossene Wulst-Raupenglieder mit verhältnismäßig großen Trag- und Laufrollen und einen tunnelartigen Hohlkasten-Raupen-

Als Universalmaschine, die auf vielen deutschen Baustellen der fünfziger und sechziger Jahre anzutreffen war, scheute sich die SR 53 nicht vor heiklen Aufgaben: Hier schob sie über eine einfache Böschung – ohne jegliche Rampe – einen tonnenschweren Findling auf die Spezialmulde eines Deutz-Lkw. Derartige Arbeiten zeigten, daß die SR 53 präzise zu bedienen und vom Fahrer bestens zu beherrschen war.

Jahrbuch 2004

Im Stauraum der Isar beim Stolleneinfluß zum Walchensee-Kraftwerk setzten sich jährlich etwa 30 000 m³ Geschiebe ab. Weil sich der Stauraum im Laufe der Jahre fast bis zum Stolleneingang füllte, mußte er 1956 ausgebaggert werden. Ideal dafür war eine Menck SR 53, die bei durchschnittlich 1 m Wassertiefe täglich mehr als 500 m³ Geschiebe schürfte, damit steile Böschungen erkletterte und an entfernten Stellen abschüttete

Erst 14 Jahre nach dem Start der erfolgreichen SR 53 brachte Menck & Hambrock einen Nachfolger auf den Markt, die 200 PS starke SR 65 mit 6,5 m³ Kübelinhalt, durchaus dem Vorgänger ähnlich. Diese SR 65 war Mitte der neunziger Jahre auf einer Baustelle nahe Herne fleißig

Foto: Archiv Jürgen Flemming

1969 erschien die mit 8,5 m³ Kübelinhalt und 220 PS Leistung wesentlich größere SR 85. „Die SR 85 kostet über DM 300 000. Trotzdem haben innerhalb von acht Wochen 25 Bauunternehmen diese Raupe gekauft. Warum?", fragte Menck stolz in einer Anzeige. „Weil sie dort noch Geld verdient, wo andere Maschinen mit ihrer Wirtschaftlichkeit schon am Ende sind. In unmöglichem Gelände. Auf kurzen Strecken. Im Wasser. An Abhängen."

Je nachdem, ob sie gerade mit hochgestelltem Kübel transportieren oder mit tief abgesenktem Kübel schürfen, variiert das Erscheinungsbild von Schürfraupen erheblich. Dadurch wirken Schürfraupen manchmal etwas „gedrückt" oder gar zerquetscht, manchmal aber auch ziemlich „aufgeblasen". Tatsächlich wird dieser Eindruck ja durch die hydraulische Höhenverstellung der beiden Raupenfahrwerke erweckt

träger, so verwendeten die Japaner die typischen Raupenfahrwerke mit auswechselbaren Kettengliedern und zwei U-Profilen als Raupenträgern. Das Ergebnis war ein außergewöhnlich robustes Raupenfahrwerk, das die Betriebssicherheit der Schürfraupen wesentlich gesteigert hat.

Ein anderer markanter Punkt war das Lastschaltgetriebe mit Drehmomentwandler. Jahrelang wurde der Wunsch danach bei der Menck SR 85 negiert, bis es dann doch plötzlich möglich war. Die Japaner rüsteten die SR 264 zunächst nicht damit aus und führten als Vorteil ins Feld, daß die Raupe dadurch billiger werde. Ab 1984 wurde die neue SR 2000 von Nippon Sharyo präsentiert, die sogenannte „große" Schürfraupe, und hatte nun ebenfalls Lastschaltgetriebe und Wandler.

Hier rückt eine etwas „zerquetscht" wirkende SR 85 langsam näher. Während sich der Laie wundert, weiß der Fachmann, daß so das völlig normale Schürfen von bis zu 0,4 m Tiefe aussieht. Für den Antrieb der SR 85 sorgten ein ZF-Lastschaltgetriebe und ein 220 PS starker Mercedes-Diesel

Über diese Schürfraupe wurde 1984 berichtet: „Zum Schluß sei hier noch eine persönliche Bemerkung gestattet: Es kann egal sein, wo die Maschine gebaut wird, ob hier in Europa oder in Japan, aber man muß von diesem Gerät und seinen Möglichkeiten einfach begeistert sein! Gerade wenn man sehr viel mit gleislosem Erdbau zu tun hatte, sind einem die Vorteile und Grenzen der einzelnen Hauptdarsteller sehr geläufig. Aber ein so universell einsetzbares Gerät gibt es kein zweites Mal. Mir war es immer unbegreiflich, daß eine an sich gute Maschine in der Vergangenheit so viel unter den internen Schwierigkeiten seiner Hersteller leiden mußte, und daß vieles an dem Gerät unterblieb, was es robuster, betriebssicherer und vor allem auch billiger machen konnte. Die Schürfraupe ist auf unsere mitteleuropäischen Boden- und Geländeverhältnisse zugeschnitten, und

Mit 14 km/h Tempo ins kalte Nass brausen – auch so etwas konnte die SR 85, sofern der Grund nicht mehr als 1,8 m von der Wasseroberfläche entfernt war und die Schürfraupe über eine „Wateinrichtung" verfügte. Schürfarbeiten in fast 2 m Wassertiefe konnten aber sonst nur Bagger durchführen, die am Ufer oder auf Pontons stehen mußten

1966 wurde Menck & Hambrock vom US-Hersteller Koehring übernommen. Die Amerikaner waren Bulldozer und Motorscraper gewohnt, mit einem „Scrapedozer" konnten sie nichts rechtes anfangen. So wurden zwar auch weiterhin Menck-Schürfraupen produziert und auf Messen ausgestellt, fanden aber als mögliche Konkurrenz der US-Scraper nicht den Weg über den Großen Teich. Gegenüber den Menck-Baggern wurden Schürfraupen leider immer mehr ins Abseits verdrängt

Schürfraupen, besonders die SR 85, waren bei ihren Betreibern beliebte Maschinen, die oft speziellen Einsatzbedingungen angepaßt wurden. Diese SR 85 erhielt sogar ein nachträglich maßgeschneidertes ROPS-Schutzdach (ROPS = Roll-Over Protection Standard, eine amerikanische Überschlag-Schutznorm für Baumaschinen)

Foto: Jürgen Flemming

Die Japaner erwiesen sich als erfolgreichere Schürfraupenbauer als Menck & Hambrock. Auf Basis von Menck-Lizenzen entwickelte Nippon Sharyo die SR 264 – auch in Japan lebte die Abkürzung „SR" für Schürfraupe weiter! Im Vergleich zur SR 85 war bei der SR 264 der Kübelinhalt um rund 25 Prozent kleiner, die Motorleistung um 13 Prozent geringer und die Schneidenbreite um 6 Prozent geringer. Immerhin brachte die SR 264 dadurch mehr PS auf jeden Meter Schneidenbreite

Einige Menck-Schürfraupen stammten gar nicht aus dem norddeutschen Werk, sondern aus dem fernen Japan. Nippon Sharyo baute für Menck die (zunächst zu breite) SR 62, aus der eine schmalere SR 63 wurde, und ab 1965 die „kleine" Schürfraupe SR 40, auch liebevoll „Menck-Geisha" genannt. „Ein gesundes Herz mit 132 PS Leistung, 16 800 kg Gewicht – und fast alles Muskeln – sowie drei Paar Schuhe für jede Bodenart und für jedes Wetter wurden mit in die Ehe gebracht"

Mit den 1,2 m breiten Moorketten versehen, förderte die SR 140 dank ihres geringen Bodendruckes auch dort Material, wo andere Baumaschinen längst „abgesoffen" waren. Durch die breiten Moorketten waren Kübel und Schneide der SR 140 relativ schmal. Diese Schürfraupe besaß spezielle Kettenglieder, die durch ihren dreieckigen Querschnitt den Bodendruck auf noch mehr Fläche verteilten

Die ab 1969 in Japan von Nippon Sharyo gebaute SR 264 wurden unter dem Namen Nissha-Menck auch in Europa verkauft. In den späten siebziger Jahren versuchte sogar Weserhütte ihre Vermarktung. Während Menck & Hambrock insgesamt nur ungefähr 350 Schürfraupen produzierte, überschritten die Japaner Ende der achtziger Jahre bereits die 2000er-Marke
Foto: Stefan Heintzsch

Fortschrittlicher und als reine japanische Konstruktion erschien Mitte der achtziger Jahre die Nissha SR 2000, der Nachfolger der SR 264. Besonders durch das Engagement von Frutiger Baumaschinen wurde diese Schürfraupe auch in Europa zu einem „kleinen Erfolgsschlager"

Die Nissha SR 2000 wurde zur 10 m³ fassenden, 315 PS starken und leer 27 t wiegenden SR 2001 weiterentwickelt. Ähnlich wie die SR 85 bewährte sich die von Frutiger Baumaschinen aus Japan importierte Raupe auf Baustellen in ganz Europa. Diese SR 2001 bewegte schweren Ton- und Lehmboden beim Bau der Ostseeautobahn A 20 nahe Lübeck.

Foto: Jürgen Flemming

Leer bewältigen Schürfraupen bis zu 100 Prozent Steigung – das sind immerhin 45 Grad, und beladen noch 74 Prozent. Die Querneigung darf beladen rund 50 Prozent betragen. Diese Nissha-Schürfraupe von Frutiger-Baumaschinen ist mit einer Laser-Niveliereinrichtung am Kübeleingang ausgestattet und legt so präzise Planumsflächen und Böschungsneigungen an

Links: Jüngstes Kind in der Schürfraupenfamilie ist die „Operator 1030" der Firma Bührer, die in einem hohen Maße auf deutschen Komponenten wie Mercedes-Motoren, ZF-Lastschaltgetrieben und Rexroth-Hydraulik aufbaut – aber leider erstmals auf das vertraute „SR" in der Typenbezeichung verzichtet. Die in der Schweiz produzierten Schürfraupen basieren auf der von Dipl.-Ing. Hugo Cordes begründeten Konstruktion der Menck SR 53 und SR 85

Schürfraupen erklimmen beim Abschütten steile Halden und schaffen so ohne Fremdhilfe stetig höher werdende Berge. Dazu sind weder Lkw noch knickgelenkte Muldenkipper oder Starrahmenkipper in der Lage, auch keine Scraper. Deutlich ist hier bei der „Operator 1030" von Bührer der Niveauausgleich der beiden Raupenfahrwerke zu erkennen

Wegen des geringen Bodendrucks der 700 mm breiten Standardlaufwerke der Bührer-Schürfkübelraupen genügte hier eine einfache, nur 3,8 m breite Holzbrücke, um die beladen bis zu 40 t schweren Schürfraupen sicher über ein Flüßchen zu bringen. Auf das aufwendige Anlegen von Baustraßen für Lkw-Transporte konnte zugunsten der Grünflächen verzichtet werden. Zudem verkürzten sich die Längen der Transportwege erheblich
Foto: DBH Baumaschinen

nachdem so manches ‚wenn' beseitigt ist, ist sie ein sehr wirtschaftliches Gerät. Wie gesagt: Jemanden, der mit dem Erdbau verwachsen ist, muß diese Maschine immer wieder von neuem faszinieren."

## Die Zukunft liegt in der Schweiz

Inzwischen haben jedoch auch leider die Japaner die Schürfraupen-Produktion mehr oder weniger eingestellt. Doch Trauer ist nicht angebracht, denn bei Frutiger wird derzeit der „Tiger" konstruiert, eine wahrlich revolutionäre Schürfraupe: Die geplante SR 3000, auch „Tiger" genannt, wird mit 15 m$^3$ Kübelinhalt die größte aller Schürfraupen sein.

Neu bei der SR 3000 werden außerdem die Raupenschiffe sein, haben sie doch erstmals leicht hochgesetzte und somit aus der Schmutz- und Stoßzone entfernte Turasräder. Ebenfalls neu ist der Antrieb: Die trocken betriebenen Lenkkupplungen werden durch das hydraulische Lenksystem HSTS ersetzt, eine Frutiger-Eigenentwicklung. Durch ein hydraulisches Lenkdifferential kann die Geschwindigkeit jeder Kette stufenlos geregelt werden.

Daher wird die SR 3000 Kurvenradien aller Größe mit zwei kraftschlüssigen Ketten durchfahren können. Früher wurde in Kurven ja stets eine Kettenseite nicht mehr angetrieben und abgebremst, was natürlich die Vorschubkraft minderte. Das HSTS-System kann auch in vorhandene Nissha-Schürfraupen eingebaut werden. Anfang 2003 befanden sich bereits zehn Schürfraupen mit HSTS erfolgreich im Einsatz.

Die große und mit modernster Technik ausgestattete SR 3000 soll nicht mehr in Japan, sondern in Europa produziert werden. Den weltweiten Vertrieb und Service dieser Schürfraupe wird Frutiger durchführen. Damit setzt Frutiger das nunmehr seit fast einem halben Jahrhundert bestehende Engagement für die Schürfraupe mit großer Zuversicht auch im 21. Jahrhundert fort. Der „Tiger" wird kommen!

Unsere Betrachtung der exklusivsten Baumaschine der Welt soll mit einem schönen Zitat aus einem alten Menck-Handbuch enden: „Versuchen Sie es einmal: Man kann mit der Schürfraupe richtig im Sand spielen und die unmöglichsten Gräben, Dämme, Gruben, Furchen, Löcher machen – der Sandkasten muß nur groß genug dafür sein. ‚Kuchenbacken' kann man allerdings auch mit der Schürfraupe im Sand noch nicht!"

Das ist das Holzmodell der größten bislang gebauten Schürfraupe: Der „Tiger", wie die Frutiger SR 3000 auch genannt wird, soll nicht in Japan, sondern in Europa produziert werden. 15 m$^3$ Kübelinhalt und ein hydraulisches Lenkdifferential für kraftschlüssige Kurvenfahrten zählen zu den wichtigsten Merkmalen

Die SR 3000 wird die erste Schürfraupe mit hochgesetztem Antriebsturas sein, der so von Schmutz und Stößen befreit ist. Die Raupenschiffe werden für Frutiger exklusiv von Intertractor Passini gefertigt. Für den Antrieb werden ein Mercedes-Motor und ein ZF-Ergopower-Getriebe sorgen

# Pipeline

## Baustelle in zehn Schritten

**von Ad Gevers**

### Das Vorbereiten der Bautrasse beginnt

Zuerst wird die Bautrasse vermessen und abgesteckt, anschließend beginnt man mit den Rodearbeiten und dem Abschieben der Muttererde. Um die Natur so weit wie möglich zu schonen, wird ein Bauzaun aufgestellt. Nur innerhalb dieses 20-25 Meter breiten Zaunes dürfen Kettendozer, Bagger, Rohrverleger und Zubringerfahrzeuge arbeiten. Schlechte Wetterbedingungen durch erhöhten Niederschlag erschweren die Arbeit auf der Baustelle. Die unbefestigten Zufahrtswege und die Bautrasse verwandeln sich schnell in eine für Radfahrzeuge unpassierbare Schlammstraße.

Um einen Baum von 70 cm Durchmesser abzuscheren, benötigt ein Caterpillar D4 Kettendozer, der mit einer Fleco Hydraulic Tree Shear (hydraulische Schere) ausgerüstet ist, etwa eine Minute

Mit einem Fleco Stumper werden die Baumstümpfe ohne Mühe herausgehoben. Seilgesteuerter Caterpillar D7 mit
C- Rahmen und angebautem Stumper. Der Stumper kann leicht ausgetauscht werden gegen ein konventionelles Schubschild, anschließend kann der Kettendozer für andere Aufgaben auf der Baustelle eingesetzt werden

Das Abschieben des Humus übernimmt ein 120 PS starker Caterpillar D6C Kettendozer.

## Die Pipelineröhren werden abgeladen

Die Rohre können sowohl mit dem Zug, dem Schiff oder mit dem LKW angeliefert werden. Das Gelände macht es oftmals ganz und gar unmöglich, die Rohre direkt an die Bautrasse anzuliefern. Daher werden spezielle Zwischendepots für die Rohre entlang der Pipeline-Route eingerichtet. Hier werden die Rohre auch entsprechend dem Geländeprofil vorgebogen, numeriert und gelagert.

Der Caterpillar 583 ist der beliebteste Rohrverleger. In der Standardausführung hat er einen 6,10 m langen Ausleger und ein Hubvermögen von 62 t. Mit langem Spezial-Ausleger kann der Cat die Röhren präzise stapeln

Umladen der Rohre von Straßenlastwagen auf einen Spezial-Röhrentransporter. Als Zugmaschine dient ein Caterpillar 571 Rohrverleger. Um die Manövrierfähigkeit zu verbessern, wurde der Ausleger abgebaut

Der Caterpillar D6 mit Trackson Sideboom (Seitenausleger) beim Abladen der Röhren im Zwischendepot. Das Hubvermögen beträgt maximal 12 t. Caterpillar übernahm die Firma Trackson in den fünfziger Jahren, die ersten Cat Rohrverleger wurden wie folgt bezeichnet: PD4, MD6, MD7 und der größte MD8

## Die Rohre werden sortiert

Mit geländefähigen Spezialtransportern oder Anhängern werden die numerierten Rohre vor Ort auf die Bautrasse gefahren und neben dem Graben abgelegt. Bei zu nassem Untergrund werden dafür sogar Schlitten benutzt.

Ein Caterpillar MD7 mit einem selbst angefertigten Fahrerhaus. Diese Aufnahme ist sehr außergewöhnlich, normalerweise werden Rohrverleger ohne Fahrerhaus ausgeliefert. Der Fahrer hat dadurch die beste Übersicht auf Schweißer und Helfer im und neben dem Graben, was entscheidend zur Arbeitssicherheit beiträgt

Zwei Caterpillar D6 mit Trackson Sideboom beim Ablegen einer 22 Inch Gasleitung, die zuvor gebogen wurde. Das Gegengewicht dieser Rohrverleger ist starr am Traktor befestigt und kann nicht, wie üblich, nach außen geschwenkt werden

Dieser Caterpillar D7 Hystaway zieht einen Schlitten. Die Firma Hyster baute den Hystaway für diverse Kettentraktoren, wahlweise konnte man auch einen Schleppschaufelbagger mit einem Schwenkbereich von 240 Grad anbauen. Für das Ausheben des Pipelinegrabens genügte dieser frühe "Anbaubagger". Da kein Heckgewicht benötigt wurde, konnte der Hystaway auch unter schwierigsten räumlichen Arbeitsverhältnissen, wie zum Beispiel an Gebäuden, arbeiten

## Der Graben für die Pipeline wird ausgehoben

Bei weichem Untergrund geht das Ausheben des Grabens am schnellsten mit einem Wheel Ditcher (Schaufelradbagger). Mit dem kontinuierlich drehenden Schaufelrad wird das Aushubmaterial via Förderband zur Seite hin gefördert. Die Schnittgeschwindigkeit eines Ditchers variiert zwischen 0-20 Meter pro Minute, abhängig von der Bodenbeschaffenheit und der Tiefe des Grabens. Bei zu großer Grabentiefe, festen oder felsigen Böden ist man gezwungen, einen Universalbagger als Tieflöffel oder einen Schleppschaufelbagger einzusetzen. Die Tieflöffelbagger haben sehr oft ein Traktorenlaufwerk und werden dann als Pipeliner bezeichnet.

Der größte Pipeline Ditcher war damals der Barber-Green TA-77. Der 27 t schwere Ditcher wurde von einem Caterpillar D333C-T Motor mit 158 PS hydrostatisch angetrieben

Bei optimalen Arbeitsbedingungen konnte der Ditcher pro Minute 21,9 m eines 1,42 m breiten und 2,59 m tiefen Grabens erstellen

Die rot-weiße Stange auf diesem Cleveland Ditcher dient dem Fahrer als Orientierungshilfe um die Richtung während des Arbeitsvorgangs beizubehalten

Durch den äußerst robust gebauten Ausleger war der Ruston-Bucyrus 22 RB sehr gut geeignet für die Arbeit im harten Untergrund

**Die Rohre werden gebogen**

Der Pipelinegraben wird erstellt nach den erforderlichen Spezifikationen des Auftraggebers und folgt dem natürlichen Geländeprofil der Landschaft. Deshalb sind horizontale und vertikale Biegungen der Rohre notwendig, so daß die später verschweißte Pipeline auch in den dafür ausgehobenen Graben paßt. Bei dem Biegen der Rohre ist Maßarbeit gefragt, deshalb werden die Rohre erst vor Ort präzise dem entsprechenden Winkel gebogen. Bei kleineren Rohrdurchmessern kann das Biegen mit einem sogenannten Tractor Bending Shoe erfolgen. Das Spezial-Hilfsstück, welches an einem Rohrverleger angebaut ist, dient als Arretierung für das zu biegende Rohr. Der Rohrverleger zieht nun selbst am anderen Ende das Rohr mit der Seilwinde nach oben. Für das Biegen großer Rohrquerschnitte benötigt man eine spezielle Biegemaschine. Hierbei hebt ein Rohrverleger das Rohr in die Biegemaschine, die Oberkante des Rohres wird festgehalten, das hinausragende Rohrstück drückt die Biegemaschine nach oben. Dieser Vorgang wiederholt sich bis der erforderliche Biegewinkel erreicht ist.

Auf diesem Bild erkennt man gut den angebauten Bending Shoe an einem Caterpillar D6. Mit ihm können Rohre von 4 bis 16 Inch (10 – 40 Zentimeter) gut gebogen werden

Mit Hilfe von zwei Caterpillar MD7 Rohrverlegern und einer Crucher Biegemaschine werden zwei verschweißte Rohre in einem Winkel von 87 Grad gebogen

Hier gilt Maßarbeit und volle Konzentration für den Fahrer dieses Caterpillar 583! Ein schon vorgebogenes Rohr muß zum zweiten mal in die Biegemaschine eingefahren werden

## Auslegen der Rohre vor Ort

Das positionieren der Rohre neben dem Graben ist Teamarbeit. Nur wenn alle Rohre korrekt ausgelegt und sicher unterbaut werden kann die Arbeit der Schweißer beginnen. Die Rohrverleger plazieren die Rohre entweder auf einen Stapel Kanthölzer oder auf Sandhaufen. Mit speziellen Line –up Klemmen (innen oder außen) werden die Rohrstöße in ihrer Position fixiert, gesichert werden die beiden zu verschweißenden Rohre durch die Rohrverleger.

Die innere Klemme hat zwei Ringe mit Schuhen, die pneumatisch auseinander gedrückt werden

Jahrbuch 2004

Die auf dem Rohrverleger stehenden Gasflaschen machen deutlich, daß man auch noch einige Korrekturen mit dem Schneidbrenner durchführt, um die Paßgenauigkeit der Schweißstöße zu verbessern

Eine seltene Aufnahme von einem Caterpillar PD4, der mit Bodenplatten eines Kettenladers ausgestattet ist. Der Rohrverleger wurde hauptsächlich für kleinere Rohrleitungen eingesetzt

Der Schweißer gibt die letzten Anweisungen an den Maschinisten beim Platzieren der äußeren Klemme

## Verschweißen der Rohre

Es werden sehr hohe Anforderungen an die Schweißer von Pipelines gestellt. Alle Schweißer werden ständig kontrolliert, überwacht und geprüft, es darf kein Fehler entstehen, der zu undichten Stellen oder zu einem Bruch der Leitung führt. Wenn eine Stelle in der Schweißnaht des Rohres nicht hundertprozentig gut geschweißt wurde, muß erneut die Naht ein-, beziehungsweise ausgeschliffen werden und der Schweißprozeß wiederholt sich aufs Neue. Die Schweißer werden unterstützt von einem Helferteam, das alle anfallenden Arbeitsgänge wie folgt übernimmt: Schleifen, Schneiden, Fugen, Fixieren, Forwärmen, Abklopfen der Schlacke und Säubern der Schweißnaht. Dies sind gute Teams, die meisten von ihnen sind schon sehr lange dabei und jeder Handgriff sitzt wie bei einem Chirurgen.

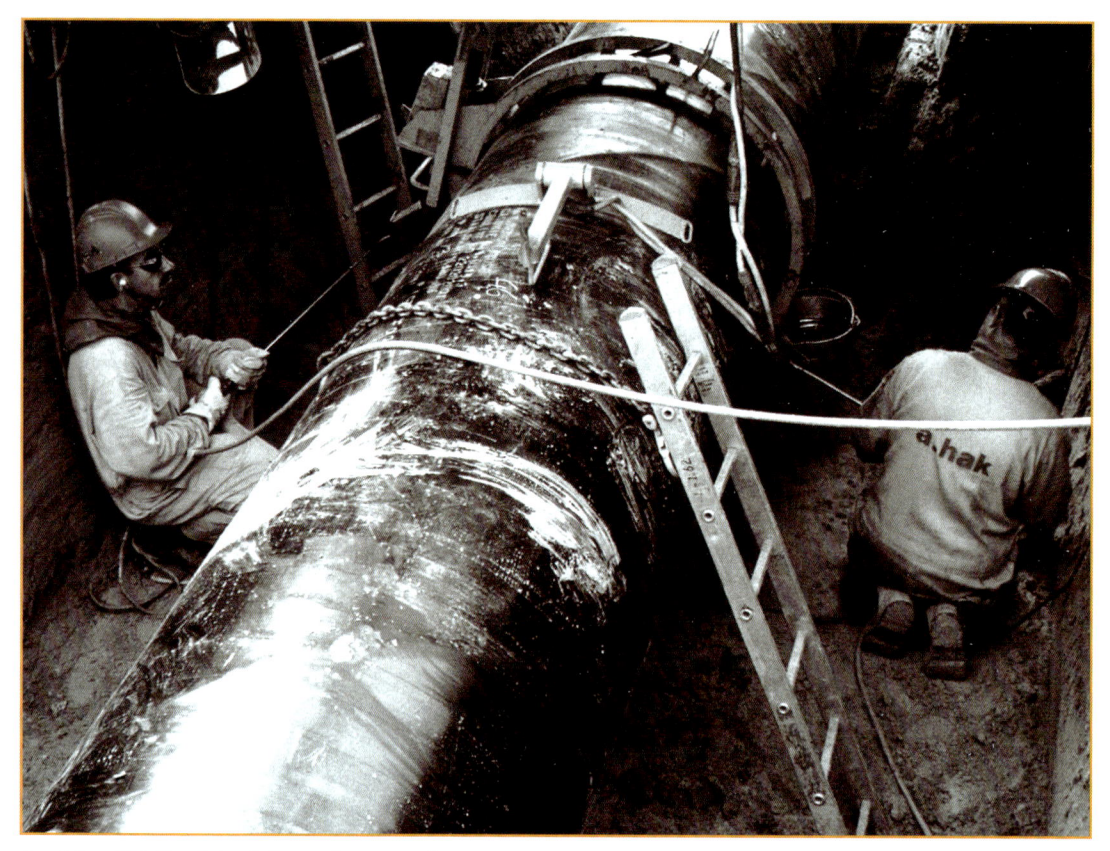

Der Schweißstoß und das Rohr werden vorgewärmt

Das beste Resultat wird erreicht, wenn drei Schweißer zugleich an einem Rohrstoß arbeiten

Auf einem Schweißtraktor befindet sich alles, was das Schweißteam und die Helfer benötigen. Dieser Caterpillar D6D hat zwei Schweißaggregate, einen Kompressor, Gasflaschen und einen Ausleger für das Schweißzelt an Bord

Eine letzte Sichtkontrolle, bevor das Rohr in den Graben gelegt wird

**Auftragen der Korrosionsschutzschicht**

Die Schweißstöße werden mit einer Farb- und Schutzschicht gegen Beschädigung und Korrosion geschützt. Jeder Schweißstoß und jede Biegung muß nachträglich mit der gleichen Qualität ummantelt werden, wie das werksseitig angelieferte Rohr. Bei sogenannten "nackten" Rohren übernimmt eine spezielle Maschine mit eigenem Motor und Getriebe das Ummanteln der kompletten Pipeline. Die Maschine kriecht selbst über das Rohr, ein mitlaufender Arbeiter mit einer langen Führungsstange verhindert das Herunterfallen.

**Die Ummantelmaschine reinigt nicht nur das Rohr, sondern ummantelt und spritzt gleichzeitig eine Farbschicht als Korrosionsschutz auf**

Das sehr feinfühlig und ruckfrei schaltbare Power Shift Getriebe der beiden Caterpillar 583 erlaubt den Fahrern, mit derselben Fahrgeschwindigkeit wie die Ummantelmaschine (Pipe Cradles) mitzufahren. Die Stange rechts im Bild verhindert das Umkippen der Ummantelmaschine

Drei Rohrverleger halten die Pipeline in Position, dazwischen kriecht die Ummantelmaschine langsam weiter. Pro Arbeitstag kann das Pipelineteam ungefähr einen Kilometer Rohr ummanteln

## Absenken der Pipeline in den Graben

Hat man die ganze Pipeline ummantelt, peinlichst genau kontrolliert und geprüft beginnt die große Teamarbeit. Bei diesem Arbeitsgang werden die Rohrverleger die Pipeline anheben, vorsichtig versetzen und in den Graben absenken. Jeder Rohrverleger mit seinem Fahrer stellt eine separate Einheit dar. Um Arbeitsausfälle und Beschädigungen der Pipeline zu vermeiden müssen die Rohrverleger mit ihren Seilwinden, Rollen und Seilen äußerst genau gewartet und instandgehalten werden

Zeitgleich senken alle Rohrverleger sehr langsam und vorsichtig die Pipeline in den mit etwas Sand gefüllten Graben

Die Aufnahme zeigt fünf Caterpillar 583, die einen Teil der Pipeline in Position halten

Aus dem Blickwinkel des Maschinisten gesehen: Das Gegengewicht der Rohrverleger ist nach außen geschwenkt, mit dem Senken des Auslegers bringt der Fahrer die Pipeline über den Graben

## Rekultivierung

Auffüllen und Verdichten des Grabens und das Erstellen des ursprünglichen Geländeprofils sind die letzten Arbeitsschritte einer Pipelinebaustelle. Eine Sandschicht soll das Rohr vor Beschädigungen durch das Aushubmaterial oder Steine schützen. Anschließend wird der Graben mit der verbleibenden Erde aufgefüllt. Wenn es das Gelände zuläßt, werden spezielle Backfillers eingesetzt.

Für größere Gräben und längere Strecken ist das angebaute Backfill-Schild sehr wirtschaftlich. Schleppschaufelbagger konnten ebenfalls mit einem Backfill-Schild ausgestattet werden

Ein Caterpillar D6 mit Seitenausleger und Angel Filler fährt wie ein Grader den Graben entlang. Das Aushubmaterial rollt schön zur Seite in den Graben hinunter

Um das Feinplanum zu erstellen, setzt die Baufirma diesen Caterpillar D7 mit einem seilgesteuerten 7S Schild ein, anschließend kann die ehemalige Baustrasse erneut bepflanzt und begrünt werden. Nach nur wenigen Wochen ist die Baustelle für Passanten als solche nicht mehr zu erkennen, alles sieht fast wie früher aus

# Weitere empfehlenswerte Bücher des Podszun-Verlags

Fordern Sie kostenlos und völlig unverbindlich unseren neuen Prospekt an mit Büchern über:

- Lastwagen
- Motorräder
- Autos
- Traktoren
- Feuerwehrfahrzeuge
- Lokomotiven
- Baumaschinen

Verlag Podszun-Motorbücher
Postfach 1525, D-59918 Brilon
Email info@podszun-verlag.de
www.podszun-verlag.de
Fax 02961 / 9639900

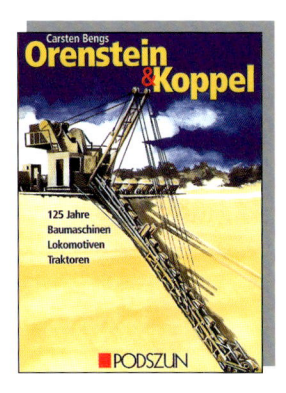

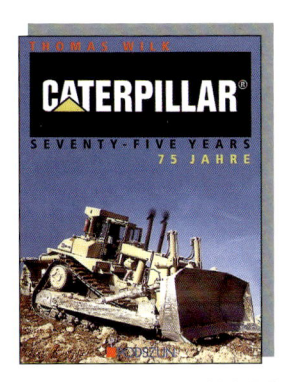

278 Seiten, ISBN 3-86133-281-7
22 x 28 cm, fester Einband
EUR 39,90

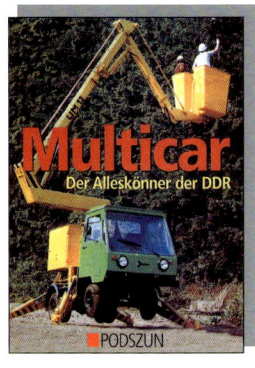

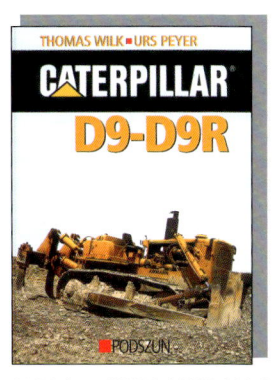

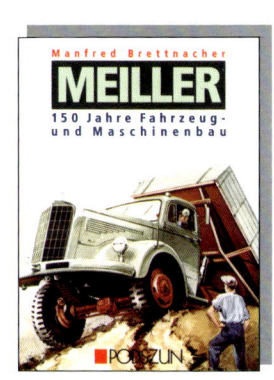

144 Seiten, ISBN 3-86133-286-8
22 x 29 cm, fester Einband
EUR 19,90

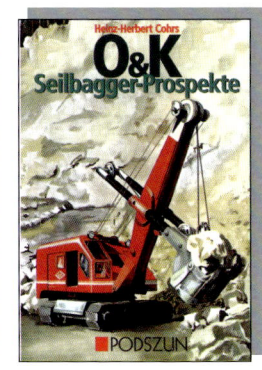

144 Seiten, ISBN 3-86133-273-6
22 x 29 cm, fester Einband
EUR 19,90

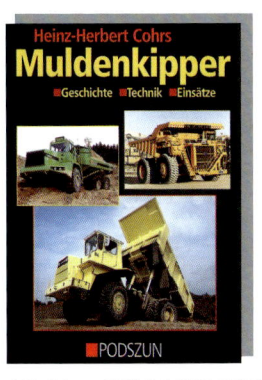

192 Seiten, ISBN 3-86133-327-9
21 x 28 cm, fester Einband
EUR 34,90

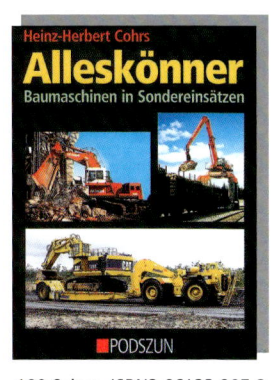

180 Seiten, ISBN 3-86133-297-3
22 x 28 cm, fester Einband
EUR 29,90

136 Seiten, ISBN 3-86133-283-3
22 x 28 cm, fester Einband
EUR 19,90

144 Seiten, ISBN 3-86133-325-2
22 x 28 cm, fester Einband
EUR 24,90

260 Seiten, ISBN 3-86133-247-7
22 x 28 cm, fester Einband
EUR 34,90

216 Seiten, ISBN 3-86133-290-6
22 x 28 cm, fester Einband
EUR 34,90

200 Seiten, ISBN 3-86133-282-5
22 x 28 cm, fester Einband
EUR 29,90

144 Seiten, ISBN 3-86133-324-4
22 x 28 cm, fester Einband
EUR 24,90